职业教育赛教一体化课程改革系列规划教材

传感器应用技术

CHUANGANQI YINGYONG JISHU

宋 武 刘晓明 主 编
贾 飞 张雷明 段治川 费 然 副主编

中国铁道出版社有限公司
CHINA RAILWAY PUBLISHING HOUSE CO., LTD.

内容简介

本书内容根据“实用、易学、好教”的原则编写，立足教学标准的要求，强调实用性与应用性，做到“赛教结合”，有效将职业技能大赛内容与教学内容有机结合，将技能大赛内容贯穿到平时教学内容之中，促进赛教一体化。

本书共7个单元，主要内容包括传感器基本知识、温度检测、压力检测、位移检测、速度检测、气体与噪声检测和智能家居。

全书语言简洁，思路清晰，认识与应用相结合，适合作为高等职业院校自动化、电气工程、测控技术等专业的教材，也可供从事相关工作的技术人员参考。

图书在版编目(CIP)数据

传感器应用技术/宋武，刘晓明主编. —北京：中国铁道出版社有限公司，2021.1（2024.8重印）
职业教育赛教一体化课程改革系列规划教材
ISBN 978-7-113-27143-5

Ⅰ.①传… Ⅱ.①宋… ②刘… Ⅲ.①传感器-高等职业教育-教材 Ⅳ.①TP212

中国版本图书馆CIP数据核字(2020)第142451号

书　　名：**传感器应用技术**
作　　者：宋　武　刘晓明

策　　划：徐海英　　　　编辑部电话：(010)63551006
责任编辑：王春霞　包　宁
封面设计：刘　颖
责任校对：张玉华
责任印制：樊启鹏

出版发行：中国铁道出版社有限公司(100054，北京市西城区右安门西街8号)
网　　址：https://www.tdpress.com/51eds/
印　　刷：河北宝昌佳彩印刷有限公司
版　　次：2021年1月第1版　2024年8月第2次印刷
开　　本：850 mm×1 168 mm 1/16　印张：10.5　字数：258千
书　　号：ISBN 978-7-113-27143-5
定　　价：32.00元

前 言

“传感器应用技术”作为高职物联网应用技术、物联网工程技术、应用电子技术等专业的核心课程,系统地介绍各类常用传感器的基本概念、工作原理、主要特性、测量电路及其典型应用。通过学习,让学生能够正确选择和使用传感器,提升学生应用传感器解决实际问题的能力。

本书立足实际,语言通俗易懂,实用性强。在编写过程中,力争做到以下几点:

(1)内容根据“实用、易学、好教”的原则编写,选择生活、生产实际中的常见物理量的检测作为学习任务,突出了学以致用。遵从学生的认知规律,将抽象的传感器原理以比较直观的方式体现出来,让学生感受其特点与功能,形成感性认识,带着好奇去探究传感器的实际应用,达到学生易学,教师易教的目的。

(2)立足教学标准的要求,强调实用性与应用性,准确定位高职学生的教学目标,将岗位要求与技术发展相对应,确保编写内容实用、科学。内容立足于物联网应用环境,以常用传感器为重点,以学生“会辨认”“知道用在哪里”“知道怎么用”为落脚点而展开。

(3)做到“赛教结合”,有效将职业技能大赛内容与教学内容有机结合,将技能大赛内容贯穿到平时教学内容之中,促进赛教一体化。

(4)采用“项目导向、任务驱动”的教学理念,内容编写设置环节符合教学形式下教师的教学需要,教学内容的编写描述简洁,思路清晰,认识与应用相结合,符合学生学习习惯。

本书由黄冈职业技术学院宋武、荆州理工职业技术学院刘晓明任主编,黄冈职业技术学院贾飞、武汉工程职业技术学院张雷明、荆州职业技术学院段治川、三峡职业技术学院费然任副主编。其中单元1、单元2、单元3由宋武编写,单元4、单元5由刘晓明、贾飞编写,单元6由张雷明编写,单元7由段治川、费然编写,全书由宋武统稿。

在编写过程中,北京新大陆时代教育科技有限公司、武汉唯众智创科技有限公司、深圳国泰安教育技术股份有限公司提供了大量的资料,同时编者查阅和参考了大量国内相关著作和文献资料,并得到了许多专业技术人员的无私帮助,在此对相关人员的支持和辛勤劳动表示深深感谢!

鉴于编者水平有限,书中难免有疏漏和不妥之处,敬请广大读者提出宝贵意见,以便在今后改版修订。

编　者

2020年8月

目 录

单元1

传感器基本知识

随着电子信息技术不断发展，传感器技术逐渐显示出自己的重要性，国内外高新技术行业、企业都十分重视研制开发与生产各种用途的传感器。新一代信息技术、生物技术、高端装备制造、新能源、新材料和新工艺等产业领域与传感检测技术密不可分。目前，传感器及检测技术已经在物联网应用、人工智能技术、大数据应用技术、网络通信技术、智能建筑及楼宇、军事等方面均有广泛应用。

学习目标

- ◆ 掌握传感器的定义，了解传感器的分类；
- ◆ 掌握传感器的静态特性，了解传感器的动态特性；
- ◆ 了解传感器发展方向和传感器的标定；
- ◆ 理解 A/D 转换的原理；
- ◆ 会用单片机的 IO 口控制 A/D(模/数)转换器。

1.1 传感器的定义与分类

1.1.1 传感器的定义

人类借助感觉器官获取外界刺激转换为生物电信息，再通过大脑的分析判断发出行动命令。人类在社会发展过程中，需要不断地认识自然和改造自然，而认识与改造必然伴随着对各种信号的感知和测量，比如温度、压力、亮度、声音等自动测量。这些都需要用到传感器技术。传感器是一种传递感觉的器件或装置，是一种以一定的精确度把被测量转换为与之有确定对应关系的、便于应用的电路电量的测量装置，被测量可以是物理量、化学量或生物量。例如：利用不同金属的热膨胀系数差异制造的 KSD 温控器（见图 1-1）广泛应用于家电产品（饮水机、电饭煲、消毒柜、微波炉等）、办公设备（覆被机、热熔机、激光打印机等）以及汽车的发动机过热保护和座位加热器等，以实现电器、电机类产品设备的温度控制及过热保护功能。

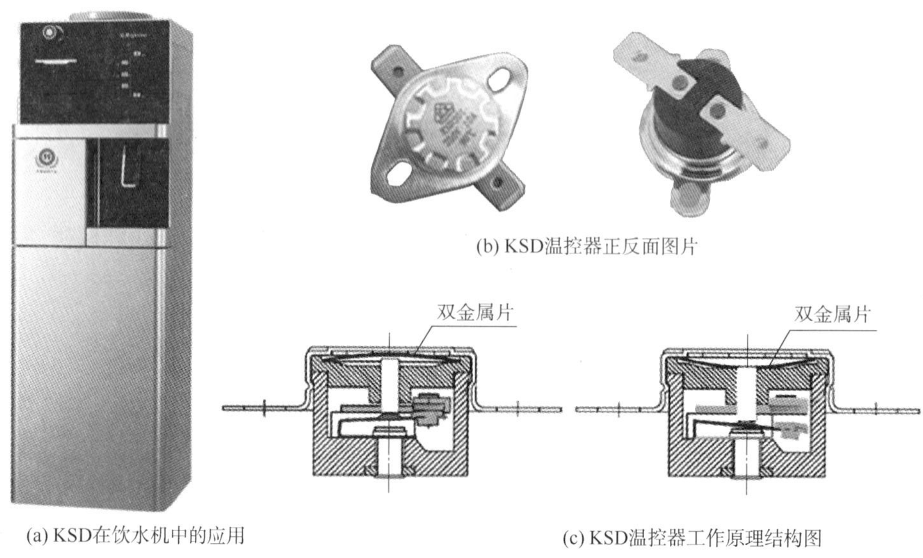

(a) KSD在饮水机中的应用

(b) KSD温控器正反面图片

(c) KSD温控器工作原理结构图

图 1-1 KSD 温控器

1.1.2 传感器的组成

传感器通常是由敏感元件、转换元件、转换电路和辅助电源等组成的(见图 1-2)。敏感元件是指传感器中能直接感受(或响应)被测量的部分。例如图 1-1 中的双金属片就是温度敏感元件。转换元件指传感器中能将敏感元件感受(或响应)的被测量转换成方便传输和(或)测量的电信号部分。转换电路可将转换元件输出的电量转变为便于显示、记录、处理、控制的电信号,也称为信号调节与转换电路,可由电桥、放大器、滤波电路、比较整形电路等组成。辅助电源为传感器中的元件和电路提供工作能源。有的传感器需要外加电源才能工作,如:半导体温度传感器、光敏电阻、电容传感器等;有的传感器则不需要外加电源便能工作,如:双金属片温度传感器、压电晶体、光电池等。

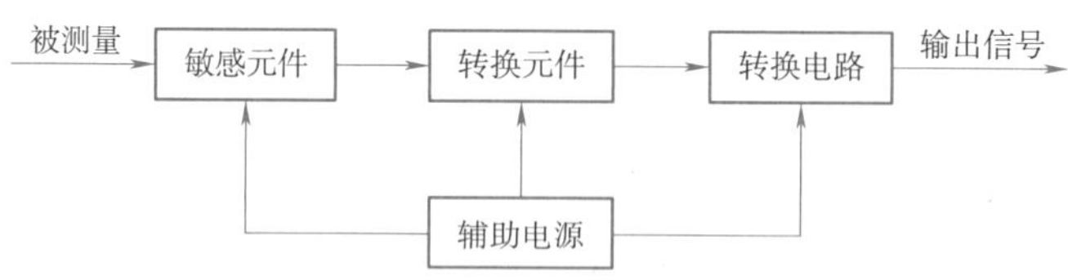

图 1-2 传感器组成原理框图

在很多情况下,由敏感元件获得被测量经过转换得到的电信号是很弱的,而且其中混杂了干扰信号和噪声信号。为了便于识别和后续处理,必须将电信号经由放大器、滤波器以及其他一些模拟电路处理成代表被测量特性的波形或幅度信号。有时这些电路或其中一部分是和传感器部件直接组装在一起的,传感器引出端输出的电信号经匹配放大和模/数转换成数字信号,并送入微处理器进行控制处理。根据传感器的转换原理和复杂程度,敏感元件与转换元件有时合二为一,例如:用光电池制成的亮度传感器、用热电偶制成的温度传感器,它们可直接将感受到的被测量转换为电信号输出,没有中间转换环节;有些传感器则由敏感元件和转换元件组成,甚至转换元件不止一个,要经过若干次转换，例如：在高精度数控机床上使用的由长光栅、发光二极管、光敏三极管组成的位移传感器。

1.1.3　传感器的分类

传感器分类方法很多，常用的分类方法有按被测物理量来分和按传感器的工作原理来分两种。

按被测物理量划分，常见的传感器有：温度传感器、湿度传感器、压力传感器、位移传感器、流量传感器、液位传感器、力传感器、加速度传感器、转矩传感器等。

按传感器的工作原理划分如下：

1. 电学式传感器

电学式传感器是非电量电测技术中应用范围较广的一种传感器，常用的有电阻式传感器、电容式传感器、电感式传感器、磁电式传感器及电涡流式传感器等。

电阻式传感器利用变阻器将被测非电量转换为电阻信号的原理制成。电阻式传感器一般有电位器式、触点变阻式、电阻应变片式及压阻式等，主要用于位移、压力、力、应变、力矩、气流流速、液位和液体流量等参数的测量。

电容式传感器通过改变电容的几何尺寸或改变介质的性质和含量，从而使电容量发生变化，主要用于压力、位移、液位、厚度、水分含量等参数的测量。

电感式传感器利用改变磁路几何尺寸、磁体位置来改变电感或互感的电感量原理制成，主要用于位移、压力、振动、加速度等参数的测量。

磁电式传感器利用电磁感应原理，把被测非电量转换成电量制成，主要用于流量、转速和位移等参数的测量。

电涡流式传感器利用金属屑在磁场中运动切割磁感线，在金属内形成涡流的原理制成，主要用于位移及厚度等参数的测量。

2. 磁学式传感器

磁学式传感器利用铁磁物质的一些物理效应而制成，主要用于位移、转矩等参数的测量。

3. 光电式传感器

光电式传感器在非电量电测及自动控制技术中占有重要的地位。它利用光电器件的光电效应和光学原理制成，主要用于光强、光通量、位移、浓度等参数的测量。

4. 电势型传感器

电势型传感器利用热电效应、光电效应、霍尔效应等原理制成，主要用于温度、磁通、电流、速度、光强、热辐射等参数的测量。

5. 电荷传感器

电荷传感器利用压电效应原理制成，主要用于力及加速度的测量。

6. 半导体传感器

半导体传感器利用半导体的压阻效应、内光电效应、磁电效应、半导体与气体接触产生物质变化等原理制成，主要用于温度、湿度、压力、加速度、磁场和有害气体的测量。

7. 谐振式传感器

谐振式传感器利用改变电或机械的固有参数来改变谐振频率的原理制成，主要用来测量压力。

8. 电化学式传感器

电化学式传感器以离子导电为基础制成。根据其电特性的形成不同，电化学传感器可分为电位式传感器、电导式传感器、电量式传感器、极谱式传感器和电解式传感器等。电化学式传感器主要用于分析气体、液体或溶于液体的固体成分、液体的酸碱度、电导率及氧化还原电位等参数的测量。

另外，根据传感器对信号的检测转换过程，传感器可划分为直接转换型传感器和间接转换型传感器两大类。前者是把输入给传感器的非电量一次性地变换为电信号输出，如光敏电阻受到光照射时，电阻值会发生变化，直接把光信号转换成电信号输出；后者则要把输入给传感器的非电量先转换成另外一种非电量，再转换成电信号输出，如采用弹簧管敏感元件制成的压力传感器，当有压力作用到弹簧管时，弹簧管产生形变，传感器再把形变量转换为电信号输出。

1.2 传感器的基本特性

1.2.1 了解传感器的特性

传感器的特性一般是指传感器输入与输出之间的关系，可用数学函数、坐标曲线、图表等方式表示。因被测量状态不同，传感器的特性可分为静态特性和动态特性。当被测量处于稳定状态（即常量或变化极慢的状态）时，传感器的输入/输出特性称为静态特性；当被测量随时间快速变化时（例如机械振动），传感器的输入/输出响应特性称为动态特性。

理想情况下，传感器的输入与输出应具有确定的对应关系，两者间最好成线性关系。而实际情况下，由于传感器结构、电子元器件、转换电路以及运行环境因素的影响，输入和输出常表现出非线性关系或分段近似性关系。

为了提高测量精度，消除测量控制系统误差，传感器必须具有良好的静态和动态特性。分析传感器原理建立有效合理的数学模型，引入用实训测量的数据统计计算出的校正系数，得到传感器的实际特性。

1.2.2 传感器的静态特性

传感器静态特性的主要指标有测量范围（或量程）、线性度、灵敏度、分辨力、迟滞和重复性等，它们是衡量传感器质量和性能的重要指标。在传感器与测量系统的研制、生产过程中，静态特性是首先需要测定的指标。

1. 测量范围与量程

每一种传感器都有其测量范围（Measuring Range），传感器组成的测量系统（或测量仪表）可按规定的精度测量被测量，测量出的最大值称为测量上限值，用 X_{max} 表示；测量出的最小值称为测量下限值，用 X_{min} 表示。测量下限值与测量上限值构成的测量区间［X_{min}，X_{max}］就是测量范围，如图 1-3 所示。

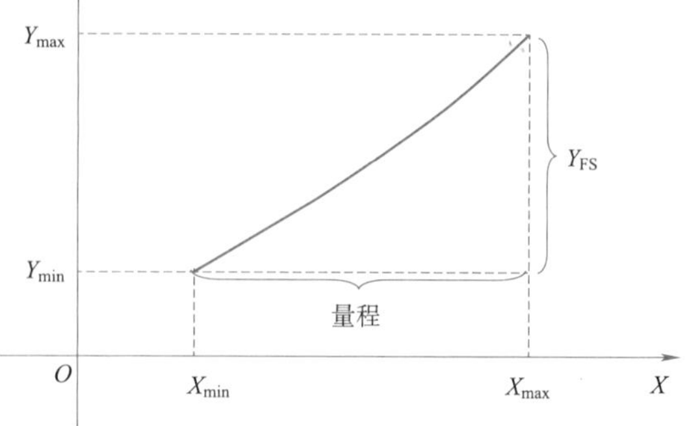

图 1-3　测量范围与量程

传感器的量程（Span）可用测量范围的大小来表示，即传感器测量上限值与测量下限值的代数差。量程 = 测量上限值 − 测量下限值。

测量下限值 X_{min} 与测量上限值 X_{max} 对应的输

出值分别为输出下限值 Y_{min} 和输出上限值 Y_{max}，则满量程输出值记为 $Y_{FS} = Y_{max} - Y_{min}$。

2. 线性度

传感器的线性度是指传感器的输入与输出之间数值关系满足线性关系的程度，线性度可用线性误差来表示。线性度表示为传感器特性曲线与规定的拟合直线之间的最大偏差绝对值（记为 ΔL_{max}）与传感器满量程输出值 Y_{FS} 之比，记为 E_L，如图 1-4（a）所示。

$$E_L = \frac{|\Delta L_{max}|}{Y_{FS}} \times 100\% \tag{1-1}$$

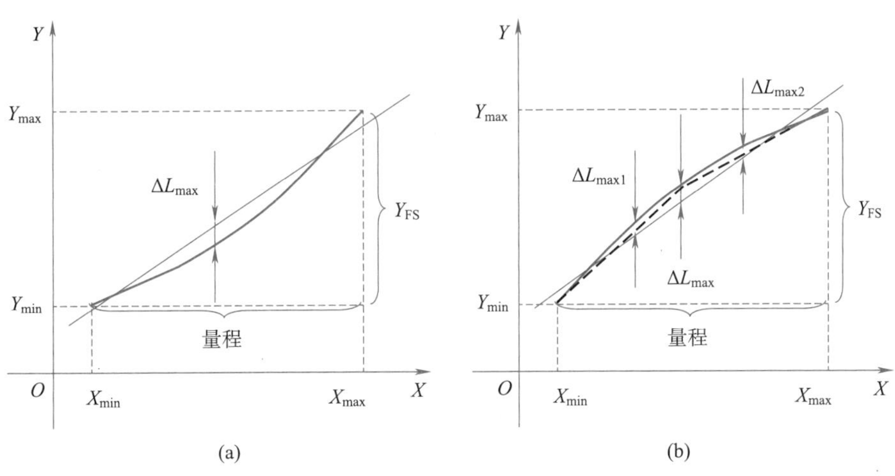

图 1-4　传感器的线性度

需要注意的是，传感器的线性度是以规定的拟合直线作为参考直线计算出来的，采用不同的拟合直线计算方法可得到不同的线性度指标。目前，常用的直线拟合方法有端点直线法、最佳直线法和最小二乘法等。在传感器研究和应用过程中，为了提高测量精度，结合计算机数据处理技术和计算方法，时常采用分段拟合直线算法，如图 1-4（b）的粗黑虚线所示，其 ΔL_{max1} 和 ΔL_{max2} 远小于 ΔL_{max}，使各个分段的线性度得到较大提高。

3. 灵敏度

灵敏度是传感器在稳态下输出增量与输入增量的比值，记为 S_n。对于线性传感器，其灵敏度就是它的静态特性的斜率，如图 1-5（a）所示，其表达式为：

$$S_n = \frac{y}{x} = \frac{Y_{FS}}{\text{量程}} \tag{1-2}$$

非线性传感器的灵敏度是一个变化的量，在特性曲线上表示为传感器在该测量点的斜率，如图 1-5（b）所示。

4. 分辨力

传感器的分辨力是指在规定测量范围内可能检测出的被测量的最小变化量，是传感器可能感受到的被测量的最小变化的能力。也就是说，如果输入量从某一非零值缓慢地变化，当输入变化值未超过某一数值时，传感器的输出不会发生变化，即传感器对此输入量的变化是分辨不出来的；只有当输入量的变化超过分辨力时，其输出才会发生变化。

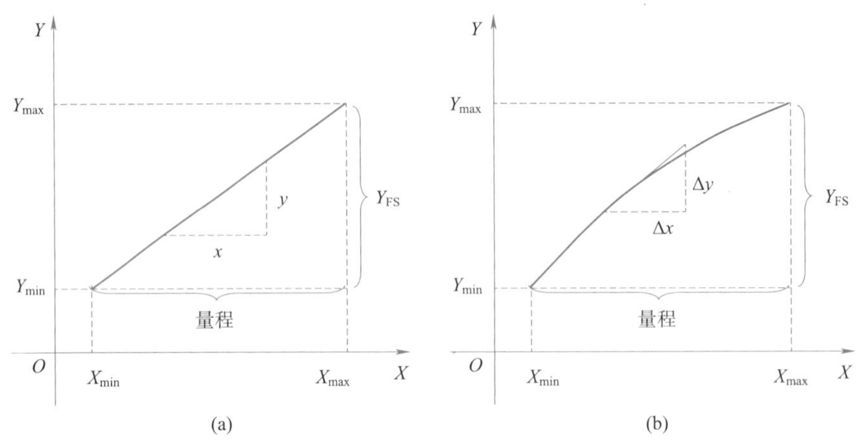

图 1-5　传感器的灵敏度

通常传感器在测量范围内各点的分辨力并不相同,因此常用满量程中能使输出量产生阶跃变化的输入量中的最大变化值作为衡量分辨力的指标。上述指标若用满量程的百分比表示,则称为分辨率。

5. 滞后

传感器内部,由于某些元器件具有储能效应(例如:弹性形变、极化效应等),被测量逐渐增加和逐渐减少时,测量得到的上升曲线和下降曲线出现不重合的情况,如图 1-6 所示。滞后量是指传感器在规定的测量范围内,当被测量逐渐增加和逐渐减少时,输出中出现的最大差值,也称为回差。

通常,习惯用滞后量与满量程输出值之比的百分数表示传感器的此种特性指标,称为迟滞误差(记为 E_H),其表达式如下:

$$E_H = \frac{|\Delta H_{max}|}{Y_{FS}} \times 100\% \tag{1-3}$$

6. 重复性(Repeatability)

重复性是指传感器在测量方法、观测者、测量仪器、地点、使用条件相同的条件下,在短时期内对同一被测量按相同的变化过程进行多次连续测量所得结果之间的符合程度。图 1-7 画出了在同一工作条件下测量得出的 3 组某传感器特性曲线,反映出传感器在相同输入的情况下输出结果的不一致性(或称离散性)。

实际应用中,重复性常选用上升曲线的最大离散程度和下降曲线的最大离散程度两者中的最大值与满量程输出值之比的百分数来表示(记为 E_R),其表达式如下:

$$E_R = \frac{|\Delta R_{max}|}{Y_{FS}} \times 100\% \tag{1-4}$$

7. 稳定性

稳定性是指传感器在规定时间内仍保持不超过允许误差范围的能力。影响传感器正常工作的因素很多,涉及传感器稳定性的因素也很多,如漂移、温度等。由于传感器检测的目标对象不同,对指标的关注程度完全不同,提高稳定性的技术方法也有区别。

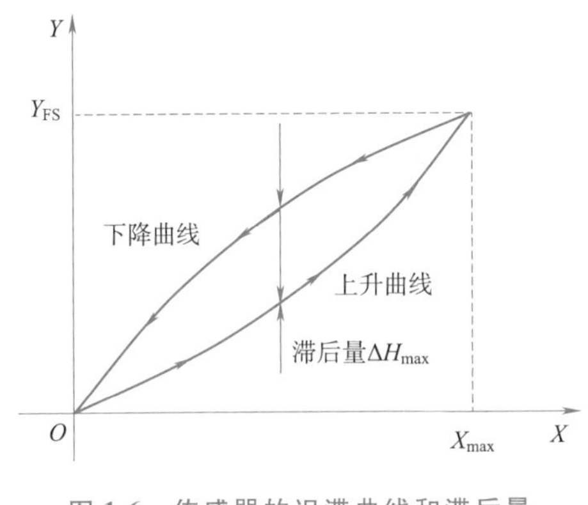

图1-6　传感器的迟滞曲线和滞后量

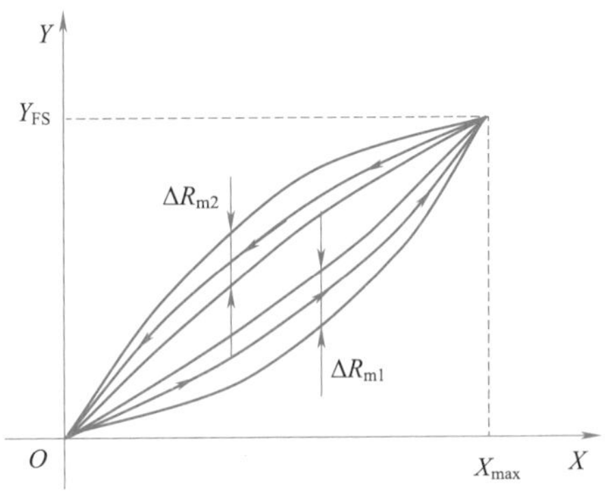

图1-7　传感器的测量重复性

8. 精度

精度是测量值与真值的接近程度,称为精度(亦称精确度)。它与误差大小相对应,测量的精度越高,其测量误差就越小。“精度”应包括准确度和精密度两层含义。准确度是指测量值与真值之间的符合程度。准确度的高低常以误差的大小来衡量。即误差越小,准确度越高;误差越大,准确度越低。精密度是指在相同条件下 n 次重复测定结果彼此相符合的程度。精密度的大小用偏差表示,偏差越小说明精密度越高。

精密度与准确度的区别,可用下述打靶子例子来说明。图1-8(a)中表示精密度和准确度都很好,则精确度高;图1-8(b)表示精密度很好,但准确度却不高;图1-8(c)表示精密度与准确度都不好。

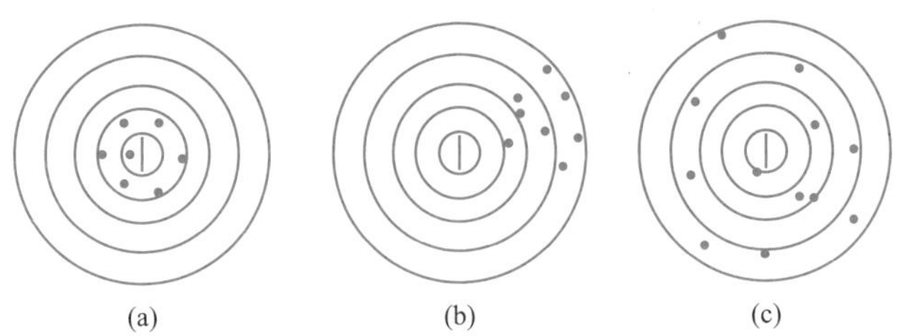

图1-8　精密度和准确度的关系

按工业规定将精度划分成若干等级,简称精度等级。其由高到低的等级顺序为:0.1级、0.2级、0.5级、1.0级、1.5级、2.5级等。

1.2.3　传感器的动态特性

动态特性是指传感器对随时间变化的被测量的响应特性。在动态(快速变化)的输入信号情况下,要求传感器不仅能精确地测量出信号的量值大小,而且能反映出信号的变化过程,即要求传感器能快速准确地响应和再现被测量的变化。测量极速变化的温度、压力和速度量,传感器的反映快慢就用响应特性来描述;在实际测量中,大量被测量是随时间变化的动态信号,例如发动机的转速、扭力、振动和噪声等。

传感器的动态特性可用输入/输出函数、图形和频率特性等来描述。在理论分析和实际研究时,通常从时域和频域两个方面采用瞬态响应法和频率响应法来分析,例如采用阶跃函数和正弦函数来研究其响应特性。

1.3 传感器的发展方向与标定

1.3.1 传感技术的发展趋势

现代传感器技术的发展趋势可以从四个方面分析与概括:一是新材料的开发与应用;二是实现传感器集成化、多功能化及智能化;三是实现传感技术硬件系统与元器件的微小型化;四是通过传感器与其他学科的交叉整合,实现无线网络化。

材料是传感器技术的重要基础和前提,是传感器技术升级的重要支撑,因而传感器技术的发展必然要求加大新材料的研制力度。由于材料科学的不断发展,传感器材料的不断更新,传感器品种不断得到丰富。目前除传统的半导体材料、陶瓷材料、光导材料、超导材料以外,新型的纳米材料的诞生有利于传感器向微型方向发展,随着科学技术的不断进步将有更多的新型材料诞生。

随着信息时代信息量激增,要求捕获和处理信息的能力日益增强,对于传感器性能指标的要求越来越严格,传感器系统的操作友好性越来越重要,而传统的大体积弱功能传感器往往很难满足上述要求,所以它们已逐步被不同类型的高性能微型传感器所取代。高性能微型传感器主要由硅材料构成,具有体积小、质量小、反应快、灵敏度高以及成本低等优点。

就当前技术发展现状来看,微型传感器已经对大量不同应用领域,如航空、远距离探测、医疗及工业自动化等领域的信号探测系统产生了深远影响。目前开发并进入实用阶段的微型传感器已可以用来测量多种物理量、化学量和生物量,如位移、速度、加速度、压力、应力、应变、声、光、电、磁、热、pH值、离子浓度及生物分子浓度等。

国内外传感技术发展的总途径是:采用新技术、新工艺、新材料,探索新理论,向着高精度、高可靠性、小型化、集成化、数字化、智能化的方向发展。

智能化传感器是20世纪80年代末出现的另外一种涉及多种学科的新型传感器系统。此类传感器系统一经问世即受到科研界的普遍重视。尤其在探测器应用领域,如分布式实时探测、网络探测和多信号探测方面一直颇受欢迎,产生的影响较大。智能化传感器的发展与物联网息息相关,其中的射频识别RFID技术(Radio Frequency Identification),又称电子标签、无线射频识别,它通过射频信号自动识别目标对象并获取相关数据,极大地促进了物联网的发展。在物联网中,传感器的作用是由信息采集层和网络层构成的信息感知体系,是整个网络链条需求总量最大且最基础的环节,同时也是物联网技术的支撑。温度传感器感知了物体的信息,RFID赋予其电子编码,这样就实现了从传感网到物联网的演变,体现了信息技术的高速发展。

1.3.2 传感器的标定

为了保证各种被测量量值的一致性和准确性,很多国家都建立了一系列计量器具(包括传感器)检定的组织、规程和管理办法。传感器标定就是利用精度高一级的标准器具对传感器进行定度的过程,从而确立传感器输出量和输入量之间的对应关系,同时也确定不同使用条件下的误差关系。

标定是指在规定的条件下,为确定传感器或测量装置所指示的量值,同时也确定出不同使用条件下误差关系的过程。为获得高的标定精度,应将传感器及其配用的电缆(尤其像电容式、压电式传感器等)、放大器等测试系统一起标定。工程测量中传感器的标定,应在与其使用条件相似的环境下进行。标定时应该按照传感器规定的安装条件进行安装。

校准是指传感器在使用一段时间后或经过修理后,必须对其性能参数进行复测或必要的调整、修正,以确保传感器的测量精度的复测调整过程。

传感器标定与校准的本质和方法是基本相同的。其方法是利用一种标准设备产生已知的被测量(如标准力、压力、温度、位移等),并将其作为输入量,输入至待标定的传感器中,得到传感器的输出量;将输入量与输出量作数据处理后,得到传感器的标定曲线。

根据系统的用途,输入可以是静态的也可以是动态的。因此,传感器的标定有静态和动态标定两种。

实训操作　A/D(模/数)转换实训

一、实训目的

(1)熟悉 A/D 转换的工作原理。

(2)了解 ADC 转换器 ADC0832 的工作原理,并能用单片机的 IO 口根据 ADC 芯片的工作时序编写控制程序。

二、实训设备

(1)MCS-51 核心板;

(2)旋转电位器模块;

(3)A/D 转换电路;

(4)数码管显示电路;

(5)ISP 下载器;

(6)电子连线若干。

三、实训原理

1. 器件概述

ADC0832 具有以下特点:8 位分辨率、双通道 A/D 转换、输入/输出电平与 TTL/CMOS 相兼容、5 V 电源供电时输入电压在 0 ~5 V 之间、工作频率为 250 kHz,转换时间为 32 μs、一般功耗仅15 mW、商用级芯片温宽为 0 ~ +70 ℃,工业级芯片温宽为 −40 ~ +85 ℃。ADC0832 引脚分布如图 1-9 所示。

ADC0832 器件引脚功能如下:

$\overline{CS}$:片选使能,低电平芯片使能;

CH0:模拟输入通道 0,或作为 IN +/ − 使用;

CH1:模拟输入通道 1,或作为 IN +/ − 使用;

GND:芯片参考 0 电位;

DI:数据信号输入,选择通道控制;

DO:数据信号输出,转换数据输出;

CLK:芯片时钟输入;

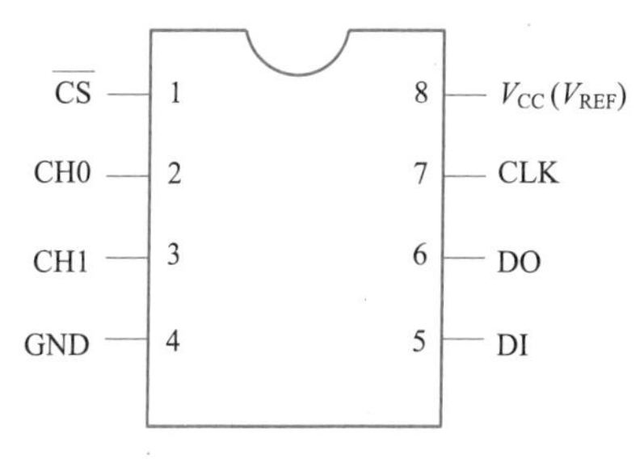

图 1-9　ADC0832 引脚分布

V_{CC}(V_{REF}):电源输入及参考电压输入。

2. 器件控制

一般情况下 ADC0832 与单片机的接口应为 4 条数据线,分别是$\overline{CS}$、CLK、DO、DI。但由于 DO 端与 DI 端在通信时并未同时有效并与单片机的接口是双向的,所以电路设计时可以将 DO 和 DI 并联在一根数据线上使用。当 ADC0832 未工作时,其$\overline{CS}$输入端应为高电平,此时芯片禁用,CLK 和 DO/DI 的电平可任意。当要进行 A/D 转换时,须先将$\overline{CS}$端置于低电平并且保持低电平直到转换完全结束。此时芯片开始转换工作,同时由处理器向芯片时钟输入端 CLK 提供时钟脉冲,DO/DI 端则使用 DI 端输入通道功能选择的数据信号。在第 1 个时钟脉冲到来之前 DI 端必须是高电平,表示启动位。在第 2、3 个时钟脉冲到来之前 DI 端应输入两位数据,用于选择通道功能,其功能见表 1-1。

表 1-1 ADC0832 部分功能引脚

输入形式	配置位		选择通道	
	CH0	CH1	CH0	CH1
差分输入	0	0	+	-
	0	1	-	+
单端输入	1	0	+	
	1	1		+

表 1-1 中,当配置位数据为 1、0 时,只对 CH0 进行单通道转换;当配置位数据为 1、1 时,只对 CH1 进行单通道转换;当配置位数据为 0、0 时,将 CH0 作为正输入端 IN+,CH1 作为负输入端 IN-进行输入;当配置位数据为 0、1 时,将 CH0 作为负输入端 IN-,CH1 作为正输入端 IN+进行输入。到第 3 个时钟脉冲到来之后,DI 端的输入电平就失去输入作用,此后 DO/DI 端则开始利用数据输出 DO 进行转换数据的读取。从第 4 个时钟脉冲开始由 DO 端输出转换数据最高位 D7,随后每一个脉冲 DO 端输出下一位数据。直到第 11 个脉冲时发出最低位数据 D0,一个字节的数据输出完成。也正是从此位开始输出下一个相反字节的数据,即从第 11 个时钟脉冲输出 D0,随后输出其他 7 位数据。到第 19 个脉冲时数据输出完成,也标志着一次 A/D 转换的结束。最后将$\overline{CS}$置高电平禁用芯片,直接将转换后的数据进行处理。图 1-10 为 ADC0832 时序图。

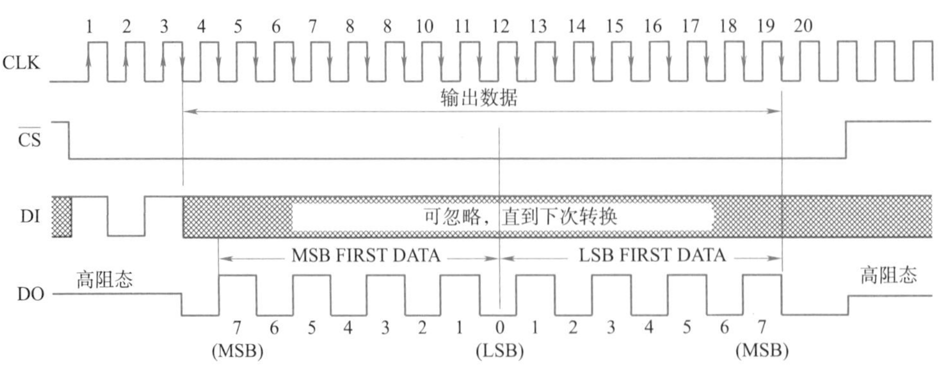

图 1-10 ADC0832 时序图

四、实训步骤

(1)将 220 V 交流电接入箱体左侧接口。

(2)将 ISP 下载器的 IDC10 插头插到 MCS-51 核心电路的 ISP 下载接口上,连接下载器到计算机上。

(3)运行 Progisp Ver1. 72 软件,调入 . Hex 文件,并下载到单片机中。实训接线图如图 1-11 所示。

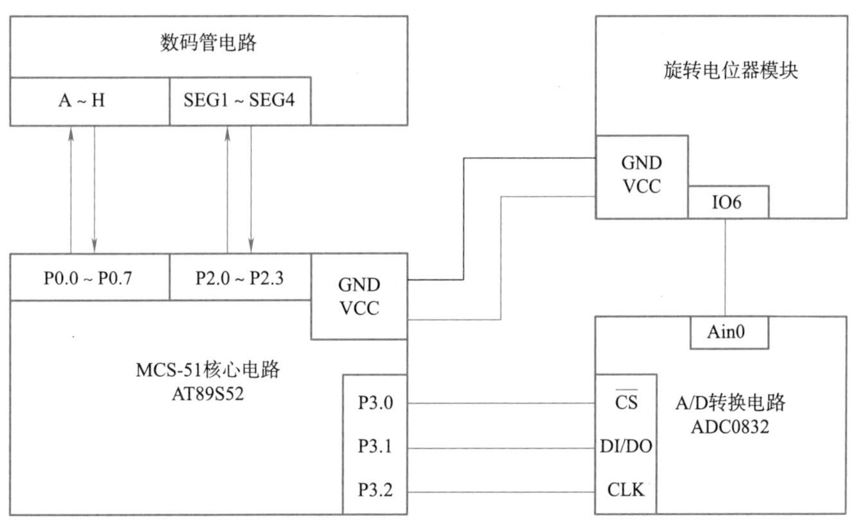

图 1-11　实训接线图

(4)确认连线无误后,将所使用到的各个电路电源拨动开关拨至 ON 挡接通电源。

(5)按下 MCU 模块复位键(RST)。

(6)观察实训现象,在实训结束后进行总结记录。

五、参考例程

```
/*****************************************************************/
#include <reg52.h>
#include <intrins.h>
#define ulong unsigned long
#define uint unsigned int
#define uchar unsigned char
------------------------------------------------------
sbit ADCS = P3^0;          //ADC0832 chip seclect
sbit DIDO = P3^1;          //ADC0832 data in
sbit ADCLK = P3^2;         //ADC0832 clock signal
------------------------------------------------------
unsigned char code table[] = {0xc0,0xf9,0xa4,0xb0,0x99,0x92,0x82,0xf8,0x80,0x90};//段码
unsigned char code table1[] = {0xFE,0xFD,0xFB,0xF7};//位码
unsigned int data dis[4] = {0x00,0x00,0x00,0x00}; //定义 3 个显示数据单元和 1 个数据存储单元
void Delayus(unsigned int time)                 //延时时间为 1 μs *  x 晶振是 11.0592M
{
    unsigned int _y;
    for(_y=0;  _y < time;  _y++)
```

```
    _nop_
    ();
}
/*************
读 ADC0832 函数
*************/
//采集并返回
unsigned int Adc0832(unsigned char channel)
{    uchar i=0;  uchar j;  uint dat=0;
     uchar ndat=0;
     if(channel==0)channel=2;                //CH0
     _nop_(); _nop_(); ADCS=0;               //拉低 CS 端
     _nop_(); _nop_(); ADCLK=1;              //拉高 CLK 端
     _nop_(); _nop_();ADCLK=0;               //拉低 CLK 端,形成下降沿 1
     _nop_(); _nop_(); ADCLK=1;              //拉高 CLK 端
     DIDO=channel&0x1;                       //第 2 个时钟下降沿出现前,输入第 1 个数据_nop_();
     _nop_();
     ADCLK=0;                                //拉低 CLK 端,形成下降沿 2
     _nop_(); _nop_(); ADCLK=1;              //拉高 CLK 端
     DIDO=(channel>>1)&0x1;                  //第 3 个时钟下降沿出现前,输入第 2 个数据
     _nop_(); _nop_();
     ADCLK=0;                                //拉低 CLK 端,形成下降沿 3
     DIDO=1;                                 //控制命令结束
     _nop_(); _nop_(); dat=0;
     for(i=0;i<8;i++)
     {
        dat|=DIDO;                           //收数据
        ADCLK=1;
        _nop_(); _nop_(); ADCLK=0;           //形成 1 次时钟脉冲
        _nop_();_nop_();
        dat<<=1; if(i==7)dat|=DIDO;
     }
     for(i=0;i<8;i++)
     {
        j=0;
        j=j|DIDO;                            //收数据
        ADCLK=1;
        _nop_(); _nop_(); ADCLK=0;           //形成 1 次时钟脉冲
        _nop_(); _nop_(); j=j<<7; ndat=ndat|j; if(i<7)ndat>>=1;
     }
     ADCS=1;                                 //拉高 CS 端
     ADCLK=0;                                //拉低 CLK 端
     DIDO=1;                                 //拉高数据端,回到初始状态
     dat<<=8; dat|=ndat;
     return(dat);                            //return ad data
}
void display(unsigned char ad_data)
```

```
    {
        dis[2] =ad_data/51;                     //A/D 值转换为 3 为 BCD 码,最大为 5.00 V
        dis[3] =ad_data% 51;                    //余数暂存
        dis[3] =dis[3]* 10;                     //计算小数第 1 位
        dis[1] =dis[3]/51;dis[3] =dis[3]% 51; dis[3] =dis[3]* 10;                //计算小数第 2 位
        dis[0] =dis[3]/51;P2 =table1[1]; P0 =table[dis[2]];                         //百位
        Delayus(10);   P0 =0xff;Delayus(10);P2 =table1[2]; P0 =table[dis[1]];      //十位
        Delayus(10);P0 =0xff;Delayus(10);P2 =table1[3]; P0 =table[dis[0]];         //个位
        Delayus(10);P0 =0xff;Delayus(10);
    }
    void main()
    {
       while(1)
       {
          display(Adc0832(0));                 //选择通道 0,数码管显示当前模拟电压值
       }
    }
    /*************************************************************************/
```

小结

(1)传感器通常是由敏感元件、转换元件、转换电路和辅助电源等部分组成。敏感元件是指传感器中能直接感受(或响应)被测量的部分。转换元件指传感器中能将敏感元件感受(或响应)的被测量转换成适于传输和(或)测量的电信号部分。

(2)传感器按工作原理可划分为电学式传感器、磁学式传感器、光电式传感器、电势型传感器、电荷传感器、半导体传感器、谐振式传感器、电化学式传感器等。

(3)传感器的特性一般是指传感器输入与输出之间的关系,可用数学函数、坐标曲线、图表等方式表示。因被测量状态不同,传感器的特性可分为静态特性和动态特性。

(4)当被测量处于稳定状态(即常量或变化极慢的状态)时,传感器的输入/输出特性称为静态特性。当被测量随时间快速变化时(例如机械振动),传感器的输入/输出响应特性称为动态特性。

(5)传感器静态特性的主要指标有测量范围(或量程)、线性度、灵敏度、分辨力、迟滞和重复性等,它们是衡量传感器质量和性能的重要指标。

(6)由传感器组成的测量系统(或测量仪表)可按规定的精度测量被测量,测量出的最大值称为测量上限值,用 X_{max} 表示;测量出的最小值称为测量下限值,用 X_{min} 表示。测量下限值与测量上限值构成的测量区间 $[X_{min}, X_{max}]$ 就是测量范围。传感器的量程可用测量范围的大小来表示,即传感器测量上限值与测量下限值的代数差。量程 = 测量上限值 - 测量下限值。

(7)传感器的线性度是指传感器的输入与输出之间数值关系满足线性关系的程度,线性度可用线性误差来表示。

(8)传感器的灵敏度是传感器在稳态下输出增量与输入增量的比值。

(9)传感器的分辨力是指在规定测量范围内可能检测出的被测量的最小变化量,是传感器可能

感受到的被测量的最小变化的能力。

(10)传感器的滞后量是指传感器在规定的测量范围内,当被测量逐渐增加和逐渐减少时,输出中出现的最大差值,也称为回差。

(11)传感器的重复性是指传感器在测量方法、观测者、测量仪器、地点、使用条件相同的条件下,在短时期内对同一被测量按相同的变化过程进行多次连续测量所得结果之间的符合程度。

(12)传感器的稳定性是指传感器在规定时间内仍保持不超过允许误差范围的能力。

(13)传感器的精度是测量值与真值的接近程度,称为精度(亦称精确度)。

(14)传感器的动态特性是指传感器对随时间变化的被测量的响应特性。在动态(快速变化)的输入信号情况下,要求传感器不仅能精确地测量出信号的量值大小,而且能反映出信号的变化过程,即要求传感器能快速准确地响应和再现被测量的变化。

(15)现代传感器技术的发展趋势概括为新材料的开发与应用,实现传感器集成化、多功能化及智能化,实现传感技术硬件系统与元器件的微小型化,实现无线网络化。

(16)传感器标定是利用精度高一级的标准器具对传感器进行定度的过程,从而确立传感器输出量和输入量之间的对应关系,同时也确定不同使用条件下的误差关系。

(17)校准是指传感器在使用一段时间后或经过修理后,必须对其性能参数进行复测或必要的调整、修正,以确保传感器的测量精度的复测调整过程。

单元2

温度检测

温度是基本物理量之一,表示物体的冷热程度,自然界中任何物理、化学过程都紧密地与温度相联系。它是工农业生产和科学实训中需要经常测量和控制的主要参数,也是与人们日常生活紧密相关的一个重要物理量。在国民经济各部门,如电力、化工、机械、冶金、农业、医疗等各部门以及人们日常生活中,温度检测与控制是十分重要的。在国防现代化及科学技术现代化中,温度的精确检测及控制更是必不可少的。

常用的温度检测传感器有:热电偶、热电阻、红外线及集成温度传感器等。温度传感器有两种主要类型:一是接触式温度传感器,其具有体积小、准确度高、复现性和稳定性好等优点,但其测量上限受感温元件耐温程度的限制,测温范围一般为 -270 ~ +1 800 ℃,如热电偶、热电阻及集成温度传感器;二是非接触测温,其测量上限不受感温元件耐温程度的限制,因而对最高可测温度原则上没有限制。对于1 800 ℃以上的高温,主要采用非接触测温方法,如红外线温度传感器。

学习目标

- 了解热电阻传感器特性和种类;
- 掌握热电阻传感器工作原理;
- 了解热电阻传感器的应用;
- 了解红外线的特性,掌握红外传感器的工作原理;
- 了解红外传感器的应用;
- 会搭建并调试温度传感器检测电路;
- 会搭建并调试人体检测传感器电路。

2.1 热电阻传感器

2.1.1 认识热电阻传感器

热电阻传感器是一种应用非常广泛的热电式传感器。利用导体或半导体电阻值随温度变化而变化的特性来测量温度的感温元件称为热电阻。它可用于测量 -200 ~ +500 ℃范围内的温度。目前热电阻的应用范围已扩展到 1 ~ 5 K 的超低温领域，同时在 1 000 ~ 1 200 ℃温度范围内也有足够好的特性。

1. 金属热电阻

大多数金属导体的电阻都具有随温度变化的特性。其特性方程式如下：

$$R_t = R_0[1 + \alpha(t - t_0)] \tag{2-1}$$

式中，R_t，R_0分别为热电阻在 t ℃和 0 ℃时的电阻值；α 为热电阻的电阻温度系数(1/℃)。

对于绝大多数金属导体，α 并不是一个常数，而是温度的函数。但在一定的温度范围内，α 可近似地看作一个常数。不同的金属导体，α 保持常数所对应的温度范围不同。

选做感温元件的材料应满足如下要求：

材料的电阻温度系数 α 要大。α 越大，热电阻的灵敏度越高。纯金属的 α 比合金的高，所以一般均采用纯金属做热电阻元件。在测温范围内，材料的物理、化学性质应稳定，α 保持常数，便于实现温度表的线性刻度特性；材料的电阻率比较大，以利于减小热电阻的体积，减小热惯性；特性复现性好，容易复制。

比较适合以上要求的材料有铂、铜、铁和镍。

(1)铂热电阻

铂的物理、化学性能非常稳定，是目前制造热电阻的最好材料。铂电阻主要作为标准电阻温度计，广泛应用于温度的基准、标准的传递。它的长时间稳定的复现性可达 10^{-4}K，是目前测温复现性最好的一种温度计。

铂的纯度通常用 $W(100)$ 表示，即

$$W(100) = \frac{R_{100}}{R_0} \tag{2-2}$$

式中，R_{100}为水沸点(100 ℃)时的电阻值，R_0为水冰点(0 ℃)时的电阻值。

$W(100)$越高，表示铂丝纯度越高。国际实用温标规定：作为基准器的铂电阻，其比值 $W(100)$不得小于 1.392 5。目前技术水平已达到 $W(100)$ = 1.393 0，与之相应的铂纯度为 99.999 5%，工业用铂电阻的纯度 $W(100)$为 1.387 ~ 1.390。在 0 ~ 630.755 ℃范围内时，铂丝的电阻值与温度之间的关系为

$$R_t = R_0(1 + At + Bt^2) \tag{2-3}$$

式中，R_t，R_0分别为温度 t ℃和 0 ℃时铂的电阻值，A、B 为常数，对于 $W(100)$ = 1.391 有 $A = 3.968\ 47 \times 10^{-3}$/℃、$B = -5.847 \times 10^{-7}$/℃^{2}。

铂电阻一般由直径为 0.05 ~ 0.07 mm 的铂丝绕在片形云母骨架上。铂丝的引线采用银线，引线用双孔瓷绝缘套管绝缘，如图 2-1 所示。

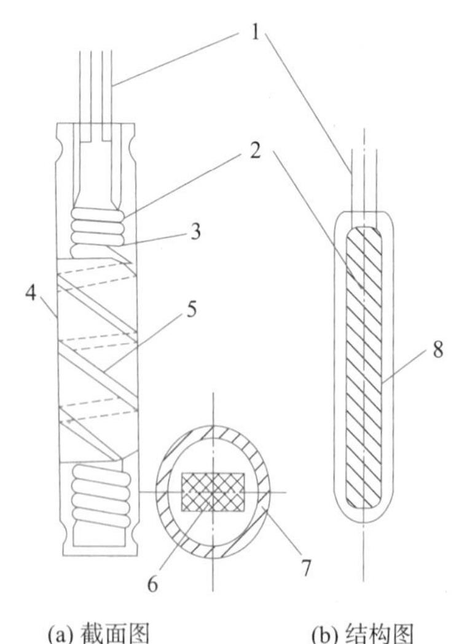

图 2-1 铂热电阻的构造

1—银引出线；2—铂丝；3—片形云母骨架；4—保护用云母片；5—银绑带；6—铂电阻横断面；7—保护套管；8—石英骨架

(2)铜电阻

当测量精度要求不高,温度范围在 $-50\sim+150$ ℃的场合,普遍采用铜电阻。铜电阻阻值与温度成线性关系,可用下式表示

$$R_t = R_0(1+\alpha t) \tag{2-4}$$

式中,R_t 为 t ℃时的电阻值,R_0 为 0 ℃时的电阻值,α 为铜电阻温度系数,$\alpha = 4.25\times10^{-3}/℃ \sim 4.28\times10^{-3}/℃$。

铜热电阻体的结构如图 2-2 所示,它由直径约为 0.1 mm 的绝缘电阻丝双绕在圆柱形塑料支架上。为了防止铜丝松散,整个元件经过酚醛树脂(环氧树脂)的浸渍处理,以提高其导热性能和机械固紧性能。铜丝绕组的线端与镀银铜丝制成的引出线焊牢,并穿以绝缘套管或直接用绝缘导线与之焊接。

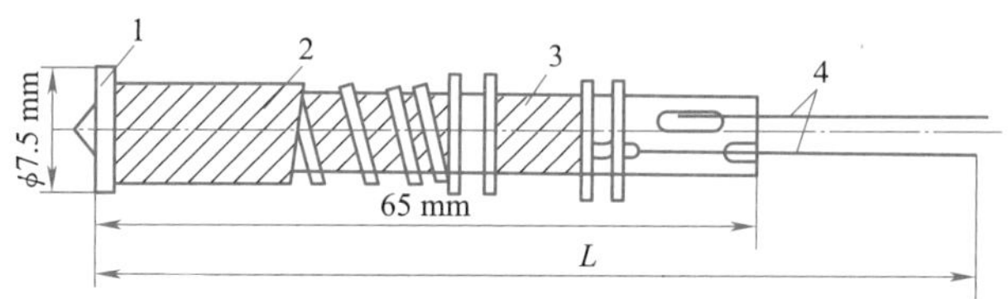

图 2-2　铜热电阻体的结构

1—线圈骨架;2—铜热电阻丝;3—补偿组;4—铜引出线

目前,我国工业上用的铜电阻分度号为 Cu50。Cu50 的工业原理是当 Cu50 在 0 ℃时的阻值为 50 Ω,它的阻值会随着温度上升而成匀速增长。

(3)其他热电阻

随着科学技术的发展,近年来对于低温和超低温测量提出了迫切的要求,开始出现一些新型热电阻,如铟电阻、锰电阻等。

①铟电阻。它是一种高精度低温热电阻。铟的熔点约为 150 ℃,在 4.2~15 K 温度域内其灵敏度比铂的高 10 倍,故可用于不能使用铂的低温范围。其缺点是材料很软,复制性很差。

②锰电阻。在 2~63 K 的低温范围内,锰电阻的阻值随温度变化很大,灵敏度高;在 2~16 K 的温度范围内,电阻率随温度二次方变化。磁场对锰电阻的影响不大,且有规律。锰电阻的缺点是脆性很大,难以控制成丝。

2. 半导体热敏电阻

半导体热敏电阻是利用半导体的电阻值随温度显著变化的特性制成的。在一定的范围内通过测量热敏电阻阻值的变化情况,可以确定被测介质的温度变化情况。其特点是灵敏度高、体积小、反应快。半导体热敏电阻基本可以分为两种类型。

(1)负温度系数热敏电阻(NTC)

NTC 热敏电阻研制较早,最常见的是由锰、钴、铁、镍、铜等多种金属氧化物混合烧结而成。根据不同的用途,NTC 又可以分为两类。第一类为负指数型,用于测量温度,其电阻值与温度之间呈负的指数关系;第二类为负的突变型,当其温度上升到某设定值时,其电阻值突然下降,多在各种电子电路中用于抑制浪涌电流,起保护作用。负指数型和负突变型的温度-电阻特性曲线分别如图 2-3 中的曲

线2和曲线1所示。

(2)正温度系数热敏电阻(PTC)

典型的PTC热敏电阻通常是在钛酸钡陶瓷中加入施主杂质以增大电阻温度系数。其温度-电阻特性曲线呈非线性,如图2-3中的曲线4所示。PTC在电子线路中多起限流、保护作用,当流过的电流超过一定限度或PTC感受到的温度超过一定限度时,其电阻值会突然增大。

近年来还研制出了用本征锗或本征硅材料制成的线性PTC热敏电阻,其线性度和互换性较好,可用于测温。其温度-电阻特性曲线如图2-3中的曲线3所示。

热敏电阻按结构形式可分为体型、薄膜型、厚膜型三种;按工作方式可分为直热式、旁热式、延迟电路三种;按工作温区可分为常温区(-60~+200 ℃)、高温区(>+200 ℃)、低温区三种。热敏电阻可根据使用要求,封装加工成各种形状的探头,如珠状、片状、杆状、锥状和针状等,如图2-4所示。

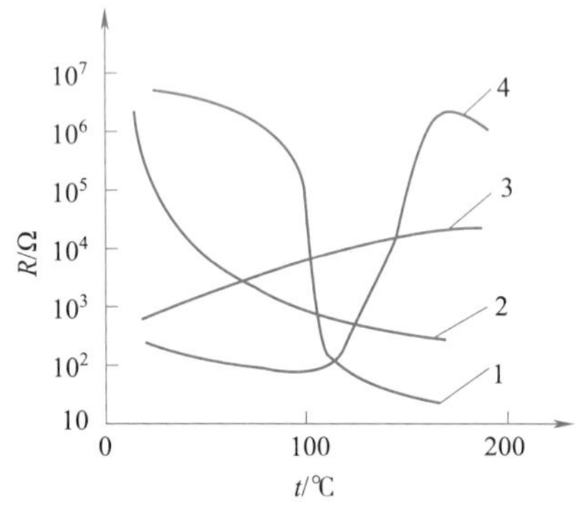

图2-3　热敏电阻的特性曲线

1—突变型NTC;2—负指数型NTC;

3—线性型PTC;4—突变型PTC

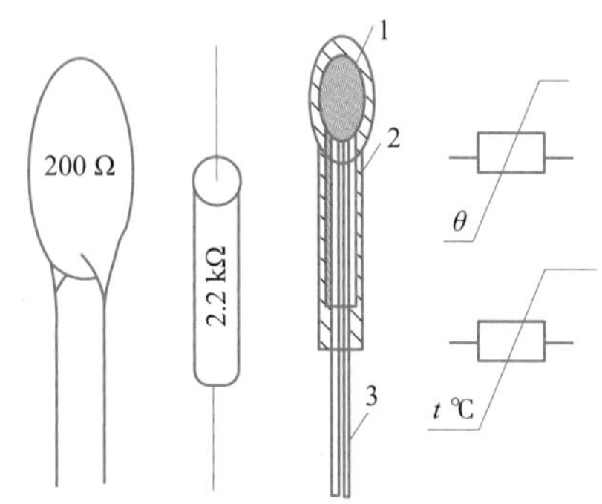

图2-4　热敏电阻的结构外形与符号

1—热敏电阻;2—玻璃外壳;

3—引出线

2.1.2　热电阻温度传感器的应用

1. 热电阻温度传感器在工业上的应用

热电阻温度传感器与其他的传感器一样,在工业中被广泛地使用。热电阻温度传感器测量的温度为-200~+500 ℃。但是,与其他传感器不同的是,热电阻传感器更适合在低温条件下测量。

工业用热电阻一般采用三线制,即在电阻体的一端连接两根引线,另一端连接一根引线;在精密测量中,则采用四线制接法,即金属热电阻两端各焊接上两根引线;在实际使用时,应根据使用场合和测量精度要求,并结合投资成本,综合投资成本,综合确定具体的连接方法。

并且在使用热电阻温度传感器测温时,还需要注意一些问题:

①应根据测温范围及被测温度场环境等因素选择热电阻的类型和规格参数。

②安装地点应避开加热源和炉门,接线盒处的环境温度应相对恒定且不超过100 ℃。

③安装地点应避开加热源和炉门,接线盒在环境温度下弯曲变形,另一方面其表面粘积物要比水平少得多,这样可缩短测量之后时间,提高测量精度。

④热电阻的插入深度应大于其保护套管外径的8~10倍,其具体数据可根据现场确定。

⑤使用中应保证电阻丝与保护套管之间具有良好的绝缘,以防带来测量误差,甚至使仪表不能正

常工作。

2. 热电阻式流量计

热电阻式流量计是金属热电阻传感器的典型应用之一，应用的范围也是非常广泛的。下面就来看一下具体的热电阻式流量计的应用。

热电阻式流量计是根据物理学中关于介质内部热传导现象制成的。如果温度为 T_1 的热电阻放入温度为 T_2 介质内，设热电阻与介质相接触的表面面积为 A，则热电阻耗散的热量 Q 可表示为 $Q=KA$，式中，K 为热传导系数，或称传热系数。实验证明，K 与介质的密度、黏度、平均流速等参数有关。当其他参数为定值时，K 仅与介质的平均流速成正比。通过测量热电阻耗散的热量 Q 即可测量介质的平均流速或流量。

热电阻式流量计一般采用热敏电阻，热敏电阻构成传感器具有尺寸小、响应速度快、灵敏度高等优点，因此它在很多领域得到广泛应用。热敏电阻传感器在工业上的用途很广。根据产品型号不同，其适用范围也不相同，具体有以下几方面。

(1) 热敏电阻传感器测温

作为测量温度的热敏电阻传感器一般结构较简单，价格较低廉。没有外面保护层的热敏电阻只能应用在干燥的地方；密封的热敏电阻不怕湿气的侵蚀、可以使用在较恶劣的环境下。由于热敏电阻传感器的阻值较大，其连接导线的电阻和接触电阻可以忽略，因此热敏电阻传感器可以在长达几千米的远距离测量温度中应用，测量电路多采用桥路。利用其原理还可以用作其他测温、控温电路等。

(2) 热敏电阻传感器用于温度的补偿

热敏电阻传感器可在一定的温度范围内对某些元器件温度进行补偿。例如，动圈式仪表表头中的动圈由铜线绕制而成，温度升高，电阻增大，引起温度的误差，因而可以在动圈的回路中将负温度系数的热敏电阻与锰铜丝电阻并联后再与被补偿元器件串联，从而抵消内部温度变化所产生的误差。在晶体管电路、对数放大器中，也常用热敏电阻组成补偿电路，补偿由于温度引起的漂移误差。

(3) 热敏电阻传感器的过热保护

过热保护分直接保护和间接保护。对小电流场合，可把热敏电阻传感器直接串入负载中，防止过热损坏以保护器件；对大电流场合，可用于对继电器、晶体管电路等的保护。不论哪种情况，热敏电阻都与被保护器件紧密结合在一起，从而使两者之间充分进行热交换，一旦过热，热敏电阻则起保护作用。例如，在电动机的定子绕组中嵌入突变型热敏电阻传感器并与继电器串联，电动机过载时，定子电流增大，引起发热，当温度大于突变点时，电路中的电流可以由十分之几毫安突变为几十毫安，使继电器动作，从而实现过热保护。

(4) 热敏电阻传感器用于液面的测量

给 NTC 热敏电阻传感器施加一定的加热电流，它的表面温度将高于周围的空气温度，此时它的阻值较小。当液面高于它的安装高度时，液体将带走它的热量，使之温度下降、阻值升高。判断它的阻值变化，就可以知道液面是否低于设定值。汽车油箱中的油位报警传感器就是利用以上原理制作的。热敏电阻在汽车中还用于测量油温等。

实训操作　温度传感器实训

一、实训目的

了解温湿度传感器的工作原理及使用用途。

二、实训设备

(1)MCS-51 核心板;

(2)温湿度传感器模块;

(3)数码管;

(4)ISP 下载器;

(5)电子连线若干。

三、实训原理

1. 器件概述

DHT11 数字温湿度传感器是一款含有已校准数字信号输出的温湿度复合传感器。它应用专用的数字模块采集技术和温湿度传感技术,确保产品具有极高的可靠性与卓越的长期稳定性。传感器包括一个电阻式感湿元件和一个 NTC 测温元件,并与一个高性能 8 位单片机相连接。因此该产品具有品质卓越、超快响应、抗干扰能力强、性价比极高等优点。每个 DHT11 传感器都在极为精确的湿度校验室中进行校准。校准系数以程序的形式储存在 OTP 内存中,传感器内部在检测信号的处理过程中调用这些校准系数。单线制串行接口,使系统集成变得简易快捷。超小的体积、极低的功耗、信号传输距离可达 20 m 以上,使其成为各类应用场景——甚至最为苛刻的应用场合的最佳选择。产品为 4 针单排引脚封装,连接方便。特殊封装形式可根据用户需求而提供。

2. 控制方式

串行接口(单线双向),DATA 用于微处理器与 DHT11 之间的通信和同步,采用单总线数据格式,一次通信时间 4 ms 左右,时间分为小数部分和整数部分,具体格式在后文说明。当前,小数部分用于以后扩展,现读数为零。操作流程如下:

(1)一次完整的数据传输为 40 bit,高位先出。

(2)数据格式:8 bit 湿度整数数据、8 bit 湿度小数数据、8 bit 温度整数数据、8 bit 温度小数数据、8 bit 校验和。

(3)数据传送正确时校验和数据为 8 bit 湿度整数数据、8 bit 湿度小数数据、8 bit 温度整数数据和 8 bit 温度小数数据所得结果的末 8 位。

用户 MCU 发送一次开始信号后,DHT11 从低功耗模式转换到高速模式,等待主机开始信号结束后,DHT11 发送响应信号,送出 40 bit 的数据,并触发一次信号采集,用户可选择读取部分数据。通信过程如图 2-5 所示,DHT11 接收到开始信号触发一次温湿度采集。如果没有接收到主机发送开始信号,DHT11 不会主动进行温湿度采集。采集数据后转换到低速模式。

总线空闲状态为高电平的通信时序图如图 2-6 所示,主机把总线拉低等待 DHT11 响应,时长必须大于 18 ms,保证 DHT11 能检测到起始信号。DHT11 接收到主机的开始信号后,等待主机开始信号结束,然后发送 80 μs 低电平响应信号。主机发送开始信号结束,延时等待 20 ~ 40 μs 后,读取

DHT11 的响应信号。主机发送开始信号后,可以切换到输入模式,或者输出高电平,总线由上拉电阻拉高。

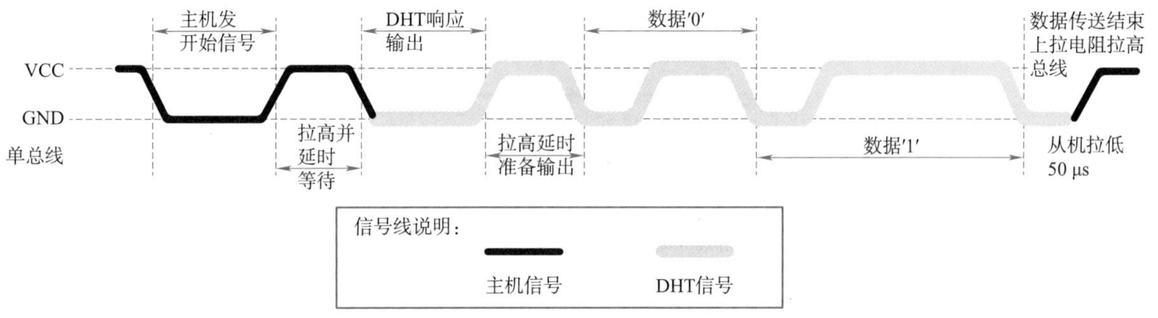

图 2-5　**DHT11** 温湿度采集时序图

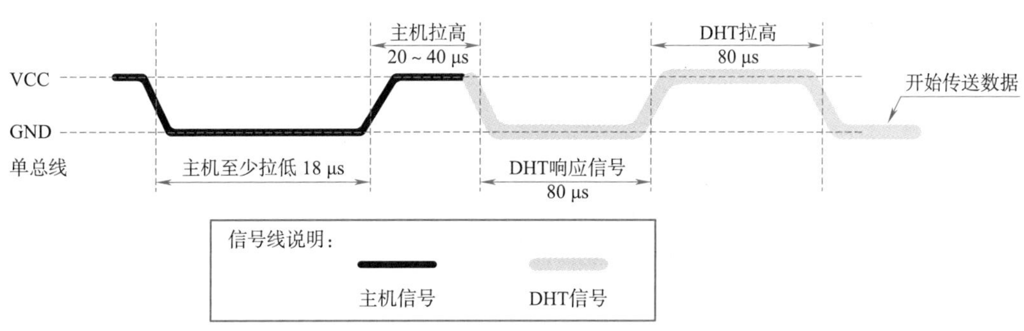

图 2-6　总线空闲状态为高电平的通信时序图

总线为低电平,说明 DHT11 发送响应信号。DHT11 发送响应信号后,再把总线拉高 80 μs,准备发送数据,每 1 bit 数据都以 50 μs 低电平时间开始。高电平的长短定了数据位是 0 还是 1,格式如图 2-7 所示。如果读取响应信号为高电平,则 DHT11 没有响应,请检查线路是否连接正常。当最后 1 bit 数据传送完毕后,DHT11 拉低总线 50 μs,随后总线由上拉电阻拉高进入空闲状态。

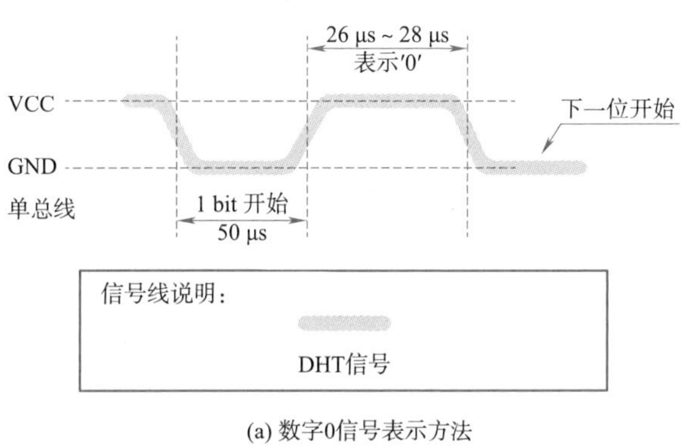

(a) 数字0信号表示方法

图 2-7　总线为低电平的通信时序图

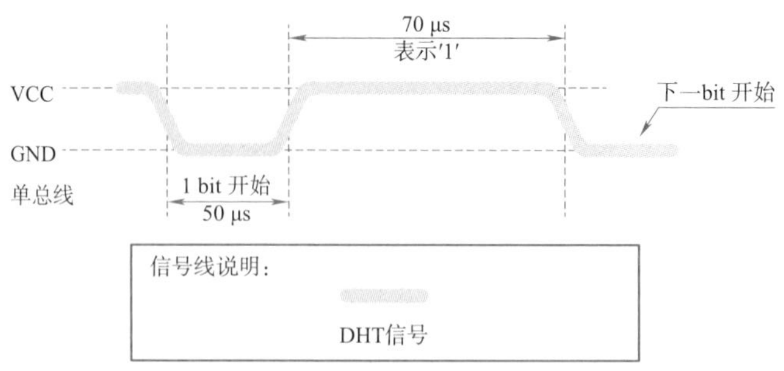

(b) 数字1信号表示方法

图 2-7　总线为低电平的通信时序图(续)

3. 电路原理

温度传感器工作电路原理图如图 2-8 所示。

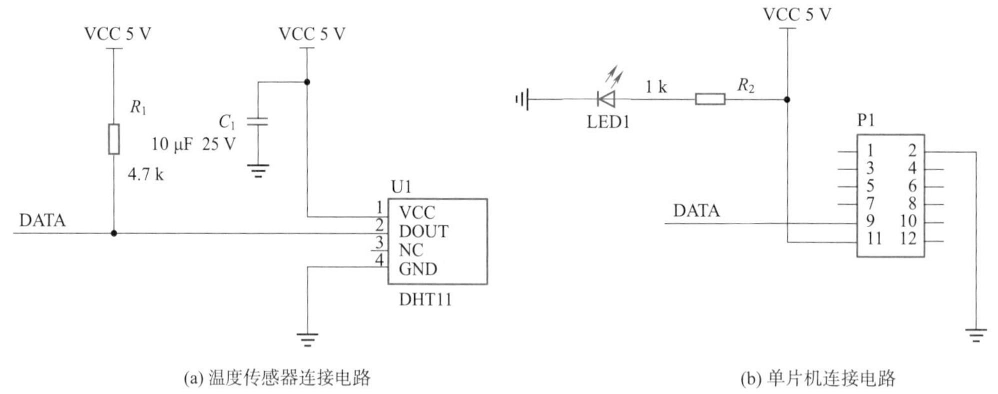

(a) 温度传感器连接电路　　(b) 单片机连接电路

图 2-8　温度传感器工作电路原理图

四、实训步骤

(1)将 220 V 交流电接入箱体左侧接口。

(2)将 ISP 下载器的 IDC10 插头插到 MCS-51 核心电路的 ISP 下载接口上,连接下载器到计算机上。

(3)运行 Progisp Ver1.72 软件,调入 .Hex 文件,并下载到单片机中。实训接线图如图 2-9 所示。

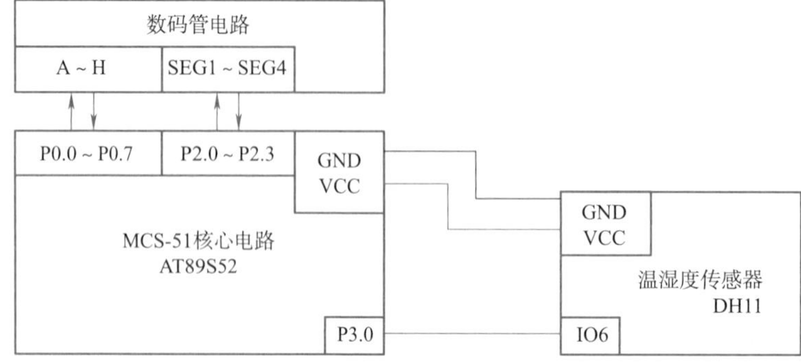

图 2-9　温度传感器实训接线图

(4)确认连线无误后将所使用到的各个电路电源拨动开关拨至 ON 挡接通电源。

(5)按下 MCU 模块复位键(RST)。

(6)观察实训现象,在实训结束后进行总结记录。

五、参考例程

```
/***********************************************************************/
#include <reg52.h>
#define uchar unsigned char
#define uint unsigned int
typedef unsigned char U8;                    /* 无符号 8 位整型变量*/
typedef signed char S8;                      /* 有符号 8 位整型变量*/
typedef unsigned int U16;                    /* 无符号 16 位整型变量 */
sbit P3_0 = P3^0 ;                           //DH11 单总线脚
//-----------------定义区--------------------//
unsigned char code DSY_CODE[] = {0xc0,0xf9,0xa4,0xb0,0x99,0x92,0x82,0xf8,0x80,0x90};
                                                                       //段码
unsigned char code dis_control[] = {0xFE,0xFD,0xFB,0xF7};             //位码
uchar code DSY_CODE1[] = {0x40,0x79,0x24,0x30,0x19,0x12,0x06,0x78,0x00,0x10};
                                                                       //数码管显示编码,小数点
U8  U8FLAG;
U8  U8count,U8temp;
U8  U8T_data_H,U8T_data_L,U8RH_data_H,U8RH_data_L,U8checkdata;
U8  U8 T_data_H_temp,U8T_data_L_temp,U8RH_data_H_temp,U8RH_data_L_temp,U8checkdata_temp;
U8  U8comdata;
uchar display[5] = {0x00,0x00,0x00,0x00,0x00};
uchar display0[5] = {0x00,0x00,0x00,0x00,0x00};
uchar display1[5] = {0x00,0x00,0x00,0x00,0x00};
uchar display2[5] = {0x00,0x00,0x00,0x00,0x00};
uchar table0[] = {"Tem:"};
uchar table1[] = {"Hty:"};
uchar aa = 0;
void Disp();                                                          //显示温度
void delay1 ms(void)                                                  //误差 0 μs
{
    unsigned char a,b;
    for(b = 102;b > 0;b --)
        for(a = 3;a > 0;a --);
}
void Delay_10 μs(void)                                                //误差 -0.234375 μs
{
    unsigned char a;
    for(a = 3;a > 0;a --);
}
void delay20 μs(void)                                                 //误差 -0.46875 μs
{
    unsigned char a,b; for(b = 3;b > 0;b --)
```

```
    for(a=1;a>0;a--);
}
void delay18 ms(void)                        //误差 -0.86805555556 μs
{
    unsigned char a,b;
    for (b=155;b>0;b--)
        for(a=52;a>0;a--);
}
void COM(void)                               //串行总线,接收每字节数据
{
    U8 i;
    for(i=0;i<8;i++)
    {
        U8FLAG=2;
        while((!P3_0)&&U8FLAG++);
        Delay_10 μs();
        Delay_10 μs();
        U8temp=0; if(P3_0)
        U8temp=1;
        U8FLAG=2;
        while((P3_0)&&U8FLAG++);
        //超时则跳出 for 循环
        if(U8FLAG==1)break;
        //判断数据位是 0 还是 1
        //如果高电平高过预定 0 高电平值则数据位为 1
        U8comdata<<=1;
        U8comdata|=U8temp;                   //0
    }//rof
}

//-------------湿度读取子程序
//----以下变量均为全局变量--------
//----温度高 8 位==U8T_data_H------
//----温度低 8 位==U8T_data_L------
//----湿度高 8 位==U8RH_data_H-----
//----湿度低 8 位==U8RH_data_L-----
//----校验 8 位 ==U8checkdata-----
//----调用相关子程序如下----------
//---- Delay();, Delay_10 μs();,COM();
void RH(void)                                //接收 5 字节数据
{
    //主机拉低 18 ms
    P3_0=0;
    delay18 ms();
    P3_0=1;
    //总线由上拉电阻拉高  主机延时 20 μs
    delay20 μs();
```

```
//主机设为输入 判断从机响应信号
P3_0 =1;
//判断从机是否有低电平响应信号 如不响应则跳出,响应则向下运行
if(!P3_0)//T !
{
    U8FLAG=2;
    //判断从机是否发出 80 μs 的低电平响应信号是否结束
    while((!P3_0)&&U8FLAG++);
    U8FLAG=2;
    //判断从机是否发出 80 μs 的高电平,如发出则进入数据接收状态
    while((P3_0)&&U8FLAG++);
    //数据接收状态
    COM();
    U8RH_data_H_temp=U8comdata; COM();
    U8RH_data_L_temp=U8comdata; COM();
    U8T_data_H_temp=U8comdata; COM();
    U8T_data_L_temp=U8comdata; COM();
    U8checkdata_temp=U8comdata;
    P3_0=1;                                              //数据校验
    U8temp=(U8T_data_H_temp+U8T_data_L_temp+U8RH_data_H_temp+U8RH_data_L_temp);
    if(U8temp==U8checkdata_temp)
    {
        U8RH_data_H=U8RH_data_H_temp;
        U8RH_data_L=U8RH_data_L_temp;
        U8T_data_H=U8T_data_H_temp;
        U8T_data_L=U8T_data_L_temp;
        U8checkdata=U8checkdata_temp;
    }
}
void Disp()                                                  //显示温度
{  display1[4]=U8T_data_H;                                   //温度高 8 位,即整数部分
   display1[4]=display1[4]%100; display1[1]=display1[4]/10;  //整数十位
   display1[0]=display1[4]%10;                               //整数个位
   display2[4]=U8T_data_L;                                   //温度低 8 位,即小数部分
   display2[4]=display2[4]%100; display2[1]=display2[4]/10;  //小数后 1 位
   display2[0]=display2[4]%10;                               //小数后 2 位
   display[4]=U8RH_data_H;                                   //湿度高 8 位,即整数部分
   display[4]=display[4]%100; display[3]=display[4]/10;      //整数十位
   display[2]=display[4]%10;                                 //整数个位
   display0[4]=U8RH_data_L;                                  //湿度低 8 位,即小数部分
   display0[4]=display0[4]%100; display0[3]=display0[4]/10;  //小数后 1 位
   display0[2]=display0[4]%10;                               //小数后 2 位

   P2=dis_control[0];
   P0=DSY_CODE[display1[1]];
   delay1ms();
```

```
    P0 = 0Xff;

    P2 = dis_control[1];
    P0 = DSY_CODE1[display1[0]];
    delay1 ms();
    P0 = 0Xff;
    P2 = dis_control[2];
    P0 = DSY_CODE[display2[1]];
    delay1 ms();
    P0 = 0Xff;
    P2 = dis_control[3];
    P0 = DSY_CODE[display2[0]];
    delay1 ms();
    P0 = 0Xff;
}
void main(void)
{
    TMOD = 0x01;
    TH0 = 0x0B1;
    TL0 = 0x0E0;
    EA = 1;
    ET0 = 1;
    TR0 = 1;
    while(1);
}
void Timer0Interrupt(void) interrupt 1
{
    TH0 = 0x0B1;
    TL0 = 0x0E0;
    aa++; if
    (aa == 1)
    {
        RH();               //调用温湿度处理函数
        Disp();             //调用数码管显示函数
        aa = 0;
    }
}
/*************************************************************************/
```

2.2 红外传感器

2.2.1 认识红外传感器

1. 红外线

红外辐射俗称红外线，是一种不可见光。由于它是位于可见光中红色光线以外的光线，所以被称为红外线。红外线在电磁波谱中的位置如图 2-10 所示。工程上又把红外线所占据的波段分为近红外、中红外、远红外和极远红外四部分。

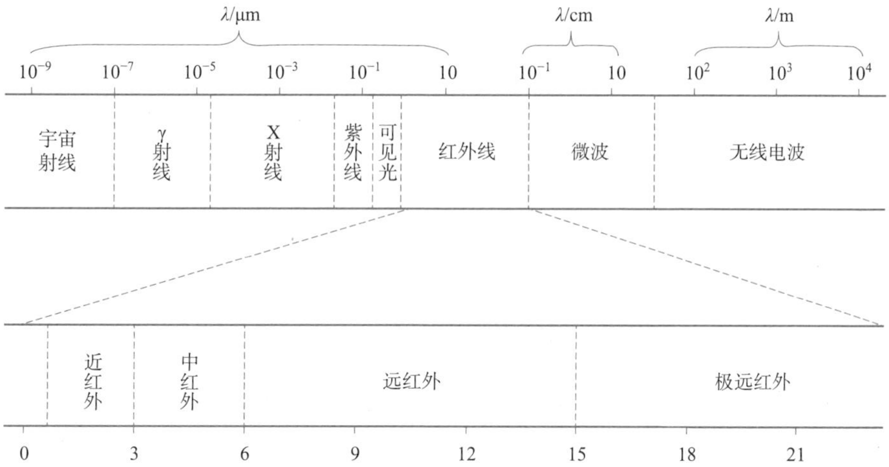

图 2-10　电磁波谱图

红外辐射的物理本质是热辐射。一个炽热物体向外辐射的能量大部分是通过红外线辐射出来的。物体的温度越高，辐射出来的红外线越多，辐射的能量就越强。红外线被物体吸收时，可以显著地转变为热能。

凡是存在于自然界的物体，如人体、火焰、冰等都会放射出红外线，只是发射的红外线波长不同而已。人体的温度为 36 ~ 37 ℃，所放射的红外线波长为 10 μm（属于远红外线区）；加热到 400 ~ 700 ℃的物体，其放射出的红外线波长为 3 ~ 5 μm（属于中红外线区）。红外线传感器可以检测到这些物体发射的红外线，用于测量、成像或控制。

红外辐射与所有电磁波一样，是以波的形式在空间以直线传播的。它在大气中传播时，大气层对不同波长的红外线存在不同的吸收带，红外线气体分析器就是利用该特性工作的。空气中对称的双原子气体（如 N_2、O_2、H_2 等）不吸收红外线。而红外线在通过大气层时，有 3 个波段透过率高，它们是 2 ~ 2.6 μm、3 ~ 5 μm 和 8 ~ 14 μm，统称为“大气窗口”。这 3 个波段对红外探测技术特别重要，因为红外探测器一般都工作在这 3 个波段之内。

用红外线作为检测媒介来测量某些非电量，具有以下几方面的优越性：红外线（指中、远红外线）不受周围可见光的影响，所以可在昼夜进行测量；由于待测对象发射出红外线，所以不必设置光源；大气对某些波长的红外线吸收非常少，所以适用于遥感技术。

2. 红外线传感器

(1) 红外线传感器的特征

红外线传感器依动作可分为热型和量子型。

- 热型：将红外线一部分变换为热，藉热取出电阻值变化及电动势等输出信号。
- 量子型：利用半导体迁徙现象吸收能量差的光电效果及利用因 PN 接合的光电动势效果。

热型的现象俗称为焦热效应，其中最具代表性的有测辐射热器（Thermal Bolometer）、热电堆（Thermopile）及热电（Pyroelectric）元件。热型及量子型的一般特征见表 2-1，在此仅就热型的热电型红外线传感器加以说明。

表 2-1　红外线热型、量子型比较

	优　点	缺　点
热型	常温动作 波长依存性(波长不同感度有很大的变化者)并不存在 便宜	感度低 响应慢(ms 之谱)
量子型	感度高 响应快速(μs 之谱)	必须冷却(液体氮气) 有波长依存性 价格偏高

红外线传感器可以检出物体所发射的各种红外线(温度),利用热电效果可以对温度进行检测,红外线传感器一般选用强介质陶瓷体(Dielectric Ceramic)、钽酸锂($LiTaO_3$)等单结晶及 PVDF 等有机材料,热电型红外线传感器具有下列几项特征:

①由于是检测从物体放射出来的红外线,所以不必直接接触就能够感知物体表面的温度。

②热电型红外线传感器是接收检测对象物所发出的红外线,是被动型的[见图 2-11(a)],由于不是主动型的[见图 2-11(b)],所以不需要校对投光器、受光器的光轴。

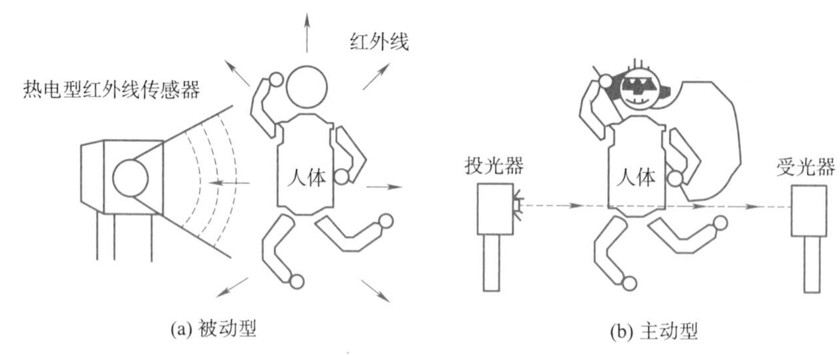

(a) 被动型　　(b) 主动型

图 2-11　人体检知的方法

③热电效果是温度变化而产生的,热电型红外线传感器的输出与温度变化存在一定函数关系。

(2)红外传感器的工作原理

首先介绍热电效果,如图 2-12 所示,感知组件是使用 PZT(钛酸锆酸铅系陶瓷体)强介质陶瓷体,在感知组件施加高压电(3 ~ 5 kV/mm)而分极,组件表面显现的正负电荷会和空气中相反的电荷结合而呈电气中和状。当组件的表面温度变化时,感知组件分极的大小会随着温度变化而变化,感知组件表面电荷与吸着杂散电荷的缓和时间不同,所以会形成电气上的不平衡,而产生没有配对的电荷。

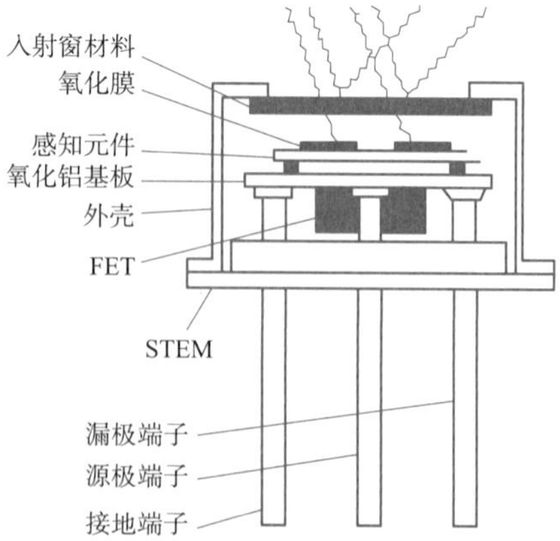

图 2-12　热电型红外线传感器的内部构造

2.2.2　红外传感器的应用

红外技术是在近几十年中发展起来的一门新兴技术,已在科技、国防、医学、建筑、气象、工农业生产等领域获得了广泛的应用。红外传感器按其应用可分为以下几个方面：

红外辐射计用于辐射和光谱辐射测量；搜索和跟踪用于搜索和跟踪红外目标，确定其空间位置并对其运动进行跟踪；热成像系统可产生整个目标红外辐射的分布图像，如红外图像仪、多光谱扫描仪等；混合系统是指以上各系统中的两个或多个的组合。

1. 红外传感器的应用

(1)在医学上的应用

采用红外线传感器远距离测量人体表面温度的热像图，人体焦耳式体温感测应用电路如图 2-13 所示。

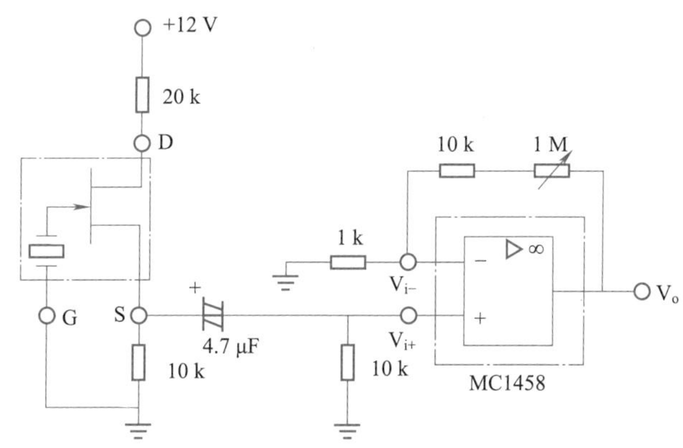

图 2-13　人体焦耳式体温感测应用电路

焦耳式体温传感器由于静电效应输出阻抗很高，因此基板的一侧连接一 FET 作为阻抗匹配的电压随耦器，工作时需加直流于 D 极和 S 极。当人体接近感知器时，在源极(S)端感应一脉冲信号，送至运算放大器做一正向放大器。调整到 1 MΩ，可改变输出的放大倍数。

医生可以发现病人人体温度异常的部位，及时对疾病进行诊断治疗。

(2)在军事上的应用

遥感就是用装在平台上的传感器来收集(测定)由对象辐射或(和)反射来的电磁波，再通过对这些数据进行分析和处理，获得对象信息的技术。遥感中可以使用可见光和近红外区的电磁波，另外有两类技术也在遥感中大显身手。一是使用热红外和热成像技术，主要是利用了物体的辐射特性。二是利用微波遥感器进行遥感。微波遥感分为被动式和主动式。主动式的微波遥感器主要是侧视雷达。

(3)环境工程上的应用

微波遥感用在大气的各项数据的测量上，在海洋学、油污探测、融雪测定等方面都有应用。

可见，传感器在科学技术领域、工农业生产以及日常生活中发挥着越来越重要的作用。人类社会对传感器提出的越来越高的要求是传感器技术发展的强大动力，而现代科学技术突飞猛进则提供了坚强的后盾。

在这个科技快速发展的 21 世纪，人们一方面可以提高与改善传感器的技术性能；一方面可以寻找新原理、新材料、新工艺及新功能来改善传感器性能，制造出更多的传感器。而红外线传感器作为其中的一部分也必将得到更大的发展，继续在更多的领域造福全人类。

2. 红外传感器产品介绍

1)红外探测器

红外传感器又称红外探测器,一般由光学系统、探测器、信号调理电路及显示系统等组成。红外探测器常见的有热探测器和光子探测器两大类。

(1)热探测器

热探测器是利用红外辐射的热效应原理制作的。探测器的敏感元件吸收辐射能量后引起温度升高,进而使有关物理参数发生相应变化,通过测量物理参数的变化,便可确定探测器所吸收的红外辐射。

与光子探测器相比,热探测器的探测率比光子探测器的峰值探测率低,响应时间长。但热探测器的主要优点是响应波段宽,响应范围可扩展到整个红外区域,可以在室温下工作,使用方便,应用相当广泛。

热探测器主要类型有热释电型、热敏电阻型、热电偶型和气体型。而热释电探测器在热探测器中探测率最高,频率响应最宽,所以这种探测器备受重视,发展很快。

(2)光子探测器

光子探测器利用入射红外辐射的光子流与探测器材料中电子的相互作用,改变电子的能量状态,引起各种电学现象(这一过程也称为光子效应)。通过测量材料电子性质的变化,可以知道红外辐射的强弱。利用光子效应制成的红外探测器,统称为光子探测器。光子探测器有内光电和外光电探测器两种。外光电探测器又分为光电导、光生伏特和光磁电探测器 3 种。

光子探测器的主要特点是灵敏度高,响应速度快,具有较高的响应频率,但探测波段较窄,一般需在低温下工作。

2)无线红外传感器

无线红外传感器又名无线红外探测器。无线智能幕帘/广角红外探测器采用美国军用红外传感器进行信号采集探测与摩托罗拉芯片组合集成单片机智能技术控制,自动温度补偿、微电流省耗、无误报、无漏报、探测距离远、工作稳定、性能可靠、外形精巧、美观大方。机内设置电源外拨开关,外出设防可以接通电源,达到更加省电的效果。当人体在其接收范围内活动时,探测器输出报警信号,广泛用于银行、仓库和家庭等场所的安全防范。

3)红外测温仪

红外测温仪由红外传感器和显示报警系统两部分组成(见图 2-14),它们之间通过专用的五芯电缆连接。安装时将红外传感器用支架固定在通道旁边或大门旁边等地方,使得被测人与红外传感器之间的距离相距 35 cm。在其旁边摆放一张桌子,放置显示报警系统。

只要被测人在指定位置站立 1 s 以上,红外快速检测仪就可准确测量出旅客体温。一旦受测者体温超过 38 ℃,测温仪的红灯就会闪亮,同时发出蜂鸣声提醒检查人员。

如图 2-14 是目前最常见的红外测温仪结构框图。它是光、机、电一体化的红外测温系统。图中的光学系统是一个固定焦距的透视系统,滤光片一般采用只允许 8 ~ 14 μm 的红外辐射能通过的材料。步进电动机带动调制盘转动,将被测的红外辐射调制成交变的红外辐射射线。红外探测器一般为热释电探测器,透镜的焦点落在其光敏面上。被测目标的红外辐射通过透镜聚焦在红外探测器上,红外探测器将红外辐射变换为电信号输出。

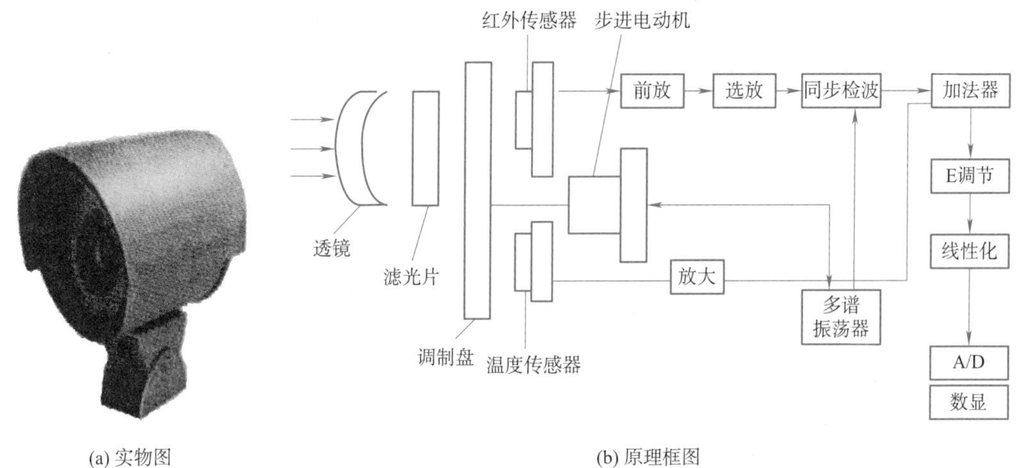

(a) 实物图　　(b) 原理框图

图 2-14　红外测温仪

红外温度快速检测仪在人流量较大的公共场所降低传染病的扩散和传播提供快速、非接触测量手段，可广泛用于机场、海关、车站、宾馆、商场、影院、写字楼、学校等人流量较大的公共场所，对体温超过 38 ℃的人员进行有效筛选。

4）热释红外线传器

热释红外线传器主要由高热电系数的锆钛酸铅系陶瓷以及钽酸锂、硫酸三甘钛等配合滤光镜片窗口组成。它能以非接触形式检测出物体放射出的红外线能量变化，并将其转换成电信号输出。

被动式红外探头就是靠探测人体发射的 10 μm 左右的红外线而进行工作的。人体发射的 10 μm 左右的红外线通过菲尼尔滤光片增强后聚集到红外感应源上。红外感应源通常采用热释电元件，这种元件在接收到人体红外辐射温度发生变化时就会失去电荷平衡，向外释放电荷，经检验处理后即可产生报警信号。

（1）这种探头是以探测人体辐射为目标的。所以热释电元件对波长为 10 μm 左右的红外辐射必须非常敏感。

（2）为了仅仅对人体的红外辐射敏感，在它的辐射照面通常覆盖有特殊的菲尼尔滤光片，使环境的干扰受到明显的控制作用。

（3）被动红外探头的传感器包含两个互相串联或并联的热释电元件。而且制成的两个电极化方向正好相反，环境背景辐射对两个热释电元件几乎具有相同的作用，使其产生释电效应相互抵消，于是探测器无信号输出。

（4）一旦人侵入探测区域内，人体红外辐射通过部分镜面聚焦，并被热释电元件接收，但是两片热释电元件接收到的热量不同，热释电也不同，不能抵消，经信号处理而报警。

（5）菲尼尔滤光片根据性能要求不同，具有不同的焦距（感应距离），从而产生不同的监控视场，视场越多，控制越严密。

在电子防盗、人体探测器领域中，被动式热释电红外探测器的应用非常广泛，因其价格低廉、技术性能稳定而受到广大用户和专业人士的欢迎。

5)红外无损探伤仪

红外无损探伤仪可以用来检查部件内部缺陷,对部件结构无任何损伤。例如,检查两块金属板的焊接质量,利用红外辐射探伤仪能十分方便地检查漏焊或缺焊;检测金属材料的内部裂缝。红外无损探伤仪原理图如图 2-15 所示。

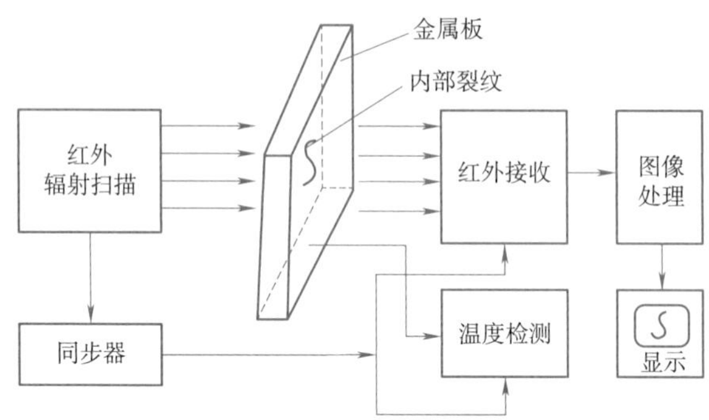

图 2-15 红外无损探伤仪原理图

实训操作 人体检测传感器实训

一、实训目的

了解光敏传感器的工作原理及用途。

二、实训设备

(1)MCS-51 核心板;

(2)人体红外传感器模块;

(3)直流电动机;

(4)继电器;

(5)ISP 下载器;

(6)电子连线若干。

三、实训原理

1. 器件概述

(1)全自动感应:当有人进入其感应范围则输入高电平,人离开感应范围则自动延时关闭高电平,输出低电平。

(2)光敏控制(可选):模块预留有位置,可设置光敏控制,白天或光线强时不感应。光敏控制为可选功能,出厂时未安装光敏电阻。如果需要,请另行购买光敏电阻自己安装。

(3)两种触发方式:L 不可重复,H 可重复。可跳线选择,默认为 H。不可重复触发方式即感应输出高电平后,延时时间一结束,输出将自动从高电平变为低电平;可重复触发方式即感应输出高电平后,在延时时间段内,如果有人体在其感应范围内活动,其输出将一直保持高电平,直到人离开后才延时将高电平变为低电平(感应模块检测到人体的每一次活动后会自动顺延一个延时时间段,并且以最后一次活动的时间为延时时间的起始点)。

(4)具有感应封锁时间(默认设置:3～4 s):感应模块在每一次感应输出后(高电平变为低电平),可以紧跟着设置一个封锁时间,在此时间段内感应器不接收任何感应信号。此功能可以实现(感应输出时间和封锁时间)两者的间隔工作,可应用于间隔探测产品;同时,此功能可有效抑制负载切换过程中产生的各种干扰。

(5)工作电压范围:默认工作电压 DC 5～20 V。

(6)微功耗:静态电流为 65 μA,特别适合干电池供电的电器产品。

(7)输出高电平信号:可方便与各类电路实现对接。

2. 适用领域

适用于走廊、街道、卫生间、地下室、仓库、车库等场所的自动照明,排气扇的自动抽风以及其他电器(白炽灯、荧光灯、蜂鸣器、自动门、电风扇、烘干机和自动洗衣机),特别适用于企业、宾馆、商场、库房敏感区域、货安全区域和报警系统,还可用于防盗等用途。

3. 电路原理

人体检测传感器工作原理图如图 2-16 所示。

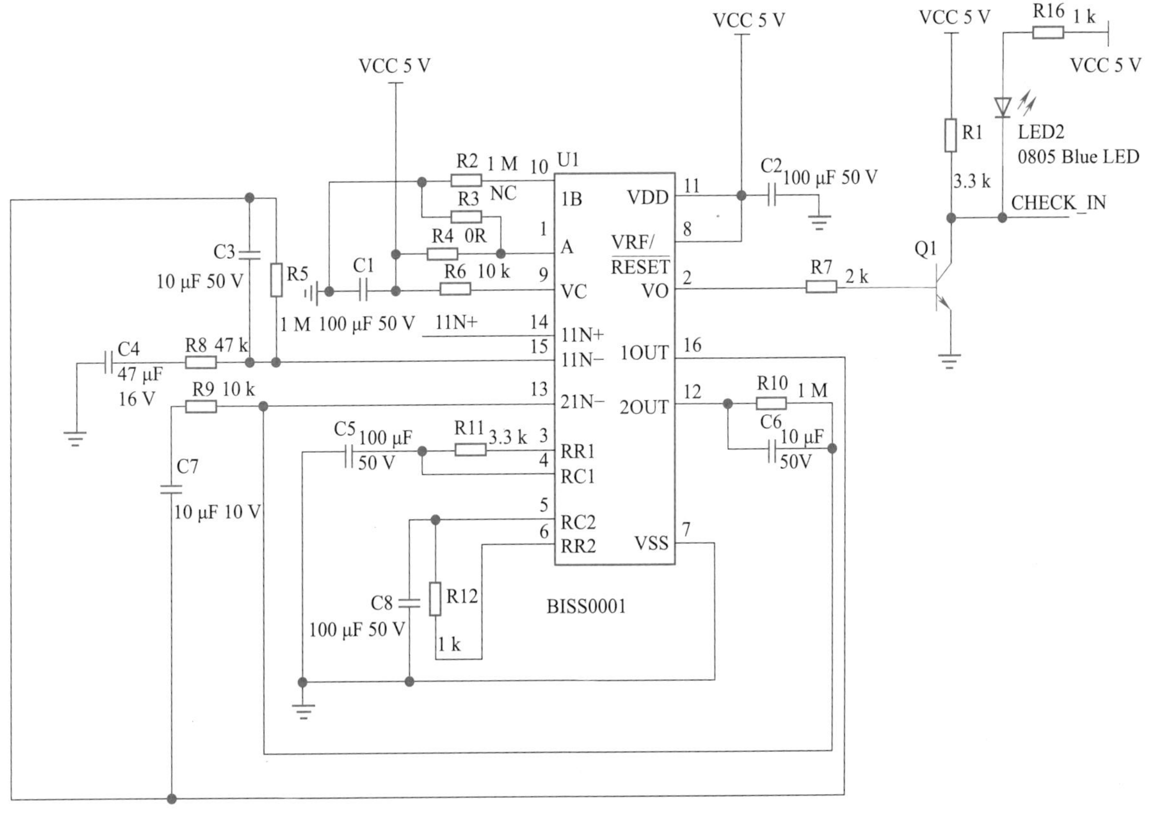

图 2-16　人体检测传感器工作原理图

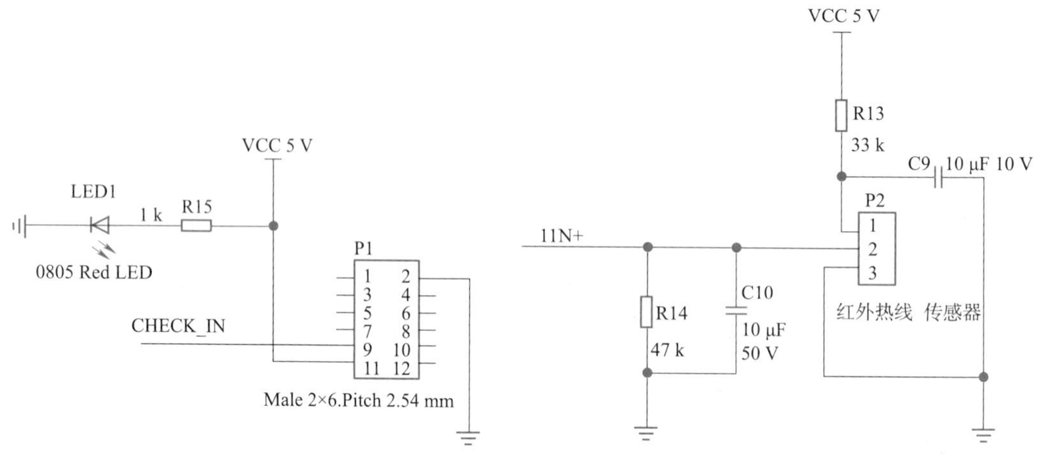

图 2-16　人体检测传感器工作原理图(续)

四、实训步骤

(1)将 220 V 交流电接入箱体左侧接口。

(2)将 ISP 下载器的 IDC10 插头插到 MCS-51 核心电路的 ISP 下载接口上,连接下载器到计算机。

(3)运行 Progisp Ver1.72 软件,调入.Hex 文件,并下载到单片机中。人体检测传感器实训接线如图 2-17 所示。

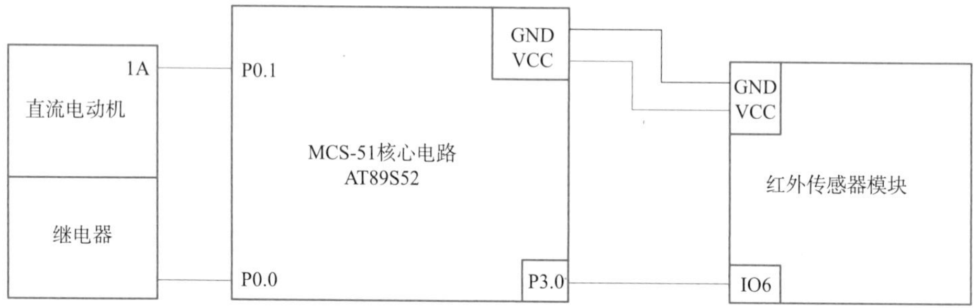

图 2-17　人体检测传感器实训接线

(4)确认连线无误后将所使用到的各个电路电源拨动开关拨至 ON 挡接通电源。

(5)按下 MCU 模块复位键(RST)。

(6)观察实训现象,在实训结束后进行总结记录。

五、参考例程

```
/*******************************************************************/
#include <AT89x51.H>              //51 单片机头文件
/*************** 用户定义引脚********************************************/
sbit KEY = P3^0;                  //输入信号脚
sbit JDQ = P0^0;                  //动作脚-继电器
sbit JD = P0^1;                   //动作脚-直流电动机
/*******************************************************************/
```

```
/ void main(void)
{
    JDQ = 0;
    JD = 0;
    while(1)
    {
        If(KEY == 0)
        {
            JDQ = 1;
            JD = 1;
        }
        Else
        {
            JDQ = 0;
            JD = 0;
        }
    }
}
/*******************************************************************/
```

小结

(1)热电阻温度传感器是一种应用非常广泛的热电式传感器。利用导体或半导体电阻值随温度变化而变化的特性来测量温度的感温元件叫热电阻。

(2)热电阻有金属热电阻(常见的材料有铂、铜、铁和镍)和半导体热敏电阻[负温度系数热敏电阻(NTC)和正温度系数热敏电阻(PTC)]。

(3)半导体热敏电阻是利用半导体的电阻值随温度显著变化的特性制成的。在一定的范围内通过测量热敏电阻阻值的变化情况,可以确定被测介质的温度变化情况。

(4)热电阻温度传感器测量的温度范围为 -200 ~ +500 ℃。但是,与其他传感器不同的是,热电阻传感器更适合在低温条件下测量。

(5)热电阻式流量计是根据物理学中关于介质内部热传导现象制成的。

(6)红外辐射俗称红外线,是一种不可见光。由于它是位于可见光中红色光线以外的光线,所以被称为红外线。红外辐射的物理本质是热辐射。

(7)红外传感器常见产品有红外探测器、无线红外传感器、红外测温仪、热释红外线传器、红外无损探伤仪。

单元3

压力检测

物理学上的压力是指发生在两个物体的接触表面的作用力，或者是气体对固体和液体表面的垂直作用力，或者是液体对固体表面的垂直作用力。在力学和多数工程学科中，“压力”一词与物理学中的压强同义。固体表面的压力通常是弹性形变的结果，一般属于接触力。液体和气体表面的压力通常是重力和分子运动的结果。被测压力通常可表示为绝对压力、表压、负压（或真空度），它们之间的关系如图3-1所示。

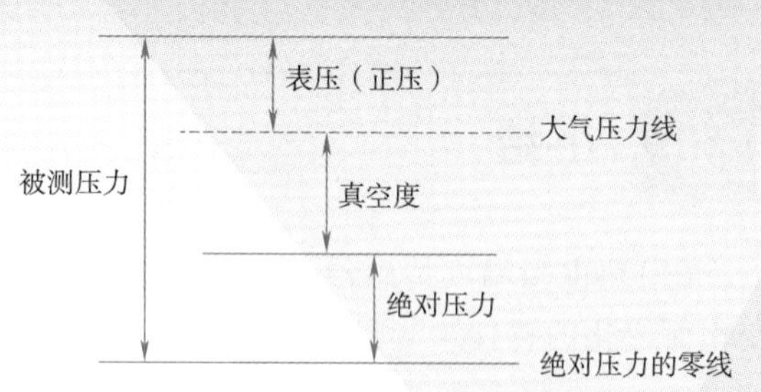

图3-1 被测压力之间的关系

在测量上所称的“压力”就是物理学中的“压强”，它是反映物质状态的一个很重要的参数。压力是重要的热工参数之一，如空气压力、轮胎压力、炉膛压力、烟道吸力等，一定程度地标志着生产过程的情况。因此，压力在测量中占有相当重要的地位。

压力传感器是工业实践中最为常用的一种传感器，其广泛应用于各种工业自控环境，涉及水利水电、铁路交通、智能建筑、生产自控、航空航天、军工、石化、油井、电力、船舶、机床、管道等众多行业。压力传感器的种类很多，传统的测量方法是利用弹性元件的变形和位移来表示，但它的体积大、笨重、输出为非线性。随着电子技术的发展，研制出了电学式压力传感器，它具有体积小、质量小、灵敏度高等优点，因此电学式压力传感器得到了广泛的应用。电学式压力传感器按其工作原理分主要有电阻式（应变片式）、半导体式、压阻式、压电式、电容式压力传感器。

通常情况下，压力检测方法有液柱测压法、弹性变形法、电测压力法等，常用的压力检测仪表有压力检测仪表、力平衡式压力变送器、微位移式变送器、智能差压（压力）变送器。

学习目标

- 了解电阻应变式传感器的种类与结构；

◆ 掌握电阻应变式传感器工作原理和电桥检测电路；
◆ 了解应变片的常用材料及粘贴技术；
◆ 了解电阻传感器的应用；
◆ 了解压电传感器的材料和测量电路，掌握压电效应；
◆ 了解压电传感器的应用；
◆ 会搭建并调试压力传感器检测电路；
◆ 会搭建并调试继电器控制电路。

3.1 电阻传感器

3.1.1　认识电阻传感器

1. 电阻应变片的种类与结构

电阻应变片（简称应变片或应变计）种类繁多，形式各样，分类方法各异。通常情况下根据敏感元件的不同，将应变计分为金属式和半导体式两大类。根据敏感元件的形态不同，金属式应变计又可进一步分为丝式、箔式和薄膜等。

（1）丝式应变片

丝式应变片的基本结构如图3-2所示，主要由敏感栅（电阻丝）、基底和盖片、黏结剂、引线4部分组成。敏感栅是实现应变与电阻转换的敏感元件，由直径为0.015～0.05 mm的金属细丝绕成栅状，将其用黏结剂黏结在各种绝缘基底上，并用引线引出，再盖上既可保持敏感栅和引线形状与相对位置，又可保护敏感栅的盖片。电阻应变片的电阻值有60 Ω、120 Ω、200 Ω等几种规格，其中120 Ω最为常用。

（2）箔式应变片

如图3-3所示，箔式应变片的敏感栅利用照相制版或光刻腐蚀的方法，将电阻箔材制成各种形状而成，箔材厚度多为0.001～0.01 mm。箔式应变片的应用日益广泛，在常温条件下已逐步取代了线绕式应变片，它具有如下几个主要优点：

①制造技术能保证敏感栅尺寸准确、线条均匀，可以制成任意形状以适应不同的测量要求。

②敏感栅薄而宽，黏结情况好，传递试件应变性能好。

③散热性能好，允许通过较大的工作电流，从而可增大输出信号。

④敏感栅弯头横向效应可以忽略。

⑤蠕变、机械滞后较小，疲劳寿命高。

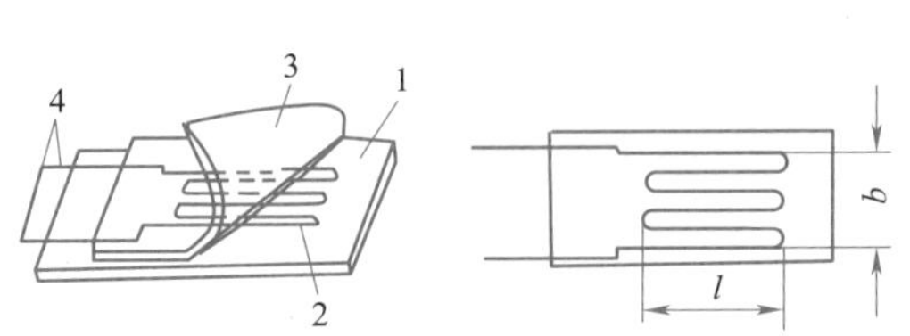

图3-2　丝式应变片的基本结构

1—基底；2—电阻丝；3—覆盖层；4—引线

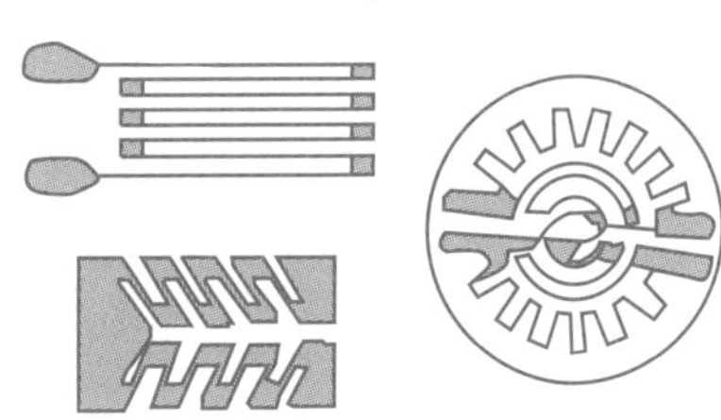

图3-3　箔式应变片

(3)薄膜应变片

薄膜应变片采用真空蒸发或真空沉积的方法，将电阻材料在基底上制成一层各种形状的敏感栅，敏感栅的厚度在0.1 μm以下。薄膜应变片具有灵敏系数高，易实现工业化生产的特点，是一种很有前途的新型应变片。

2. 应变片的工作原理

1)应变效应

电阻应变片的工作原理是基于金属的电阻应变效应，即金属丝的电阻随着它所受机械变形(拉伸或压缩)的大小而发生相应变化。这是因为金属丝的电阻与材料的电阻率及其几何尺寸有关，而金属丝在承受机械变形的过程中，这两者都要发生变化，因而引起金属丝的电阻变化。

设有一根金属丝，其电阻为：

$$R = \rho \frac{l}{S} \tag{3-1}$$

式中，R为金属丝的电阻；ρ为金属丝的电阻率；l为金属丝的长度；S为金属丝的截面积。

当金属丝受拉时，其长度、横截面、电阻率变化时，必然引起金属丝电阻改变。

实训证明，在金属丝变形的弹性范围内，电阻的相对变化$\Delta R/R$与应变值ε_x成正比，设K为常数，因此有：

$$\frac{\Delta R}{R} = K\varepsilon_x \tag{3-2}$$

应该指出，当将直线金属丝做成敏感栅之后，电阻-应变特性就不再成直线了，因此必须按规定的统一标准重新用实训测定。一般情况下，应变片的$\Delta R/R$与ε_x的关系在很大范围内仍然有很好的线性关系。

用应变片测量应变或应力时，需将应变片粘贴于被测对象上。在外力作用下，被测对象表面产生微小机械变形，粘贴在其表面上的应变片亦随其发生相同的变化，因此应变片的电阻也发生相应的变化。如果测出应变片的电阻值变化ΔR，则根据式(3-2)，可以得到被测对象的应变值ε_x，而根据应力-应变关系

$$\sigma = E\varepsilon \tag{3-3}$$

就可以得到试件的应力。式中，E为材料的弹性模量。

通过弹性敏感元件的转换作用，可将位移、力矩、加速度、压力等参数转换为应变，从而形成各种电阻应变式传感器。

2)弹性敏感元件

在传感器工作过程中，用弹性元件把各种形式的物理量转换成形变，再由电阻应变计等转换元件将形变转换成电量。所以，弹性元件是传感器技术中应用最广泛的元件之一。

弹性元件根据结构形式(柱形、筒形、环形、梁式、轮辐式等)和受载性质(拉、压、弯曲、剪切等)的不同，可分为许多种类。

(1)柱式弹性元件

柱式弹性元件具有结构简单的特点，可承受很大的载荷，根据截面形状可分为圆筒形与圆柱形两

种，如图 3-4 所示。

圆柱的应变大小取决于圆柱的结构、横截面积、材料性质和圆柱所承受的力，与圆柱的长度无关；空心的圆柱弹性敏感元件在某些方面要优于实心元件，但是空心圆柱的壁太薄时，受压力作用后将产生较明显的圆筒形变进而影响测量精度。

（2）薄壁圆筒

薄壁圆筒可将气体压力转换为应变。薄壁圆筒内腔与被测压力相通时，内壁均匀受压，薄壁无弯曲变形，只是均匀地向外扩张，如图 3-5 所示。它的应变与圆筒的长度无关，仅取决于圆筒的半径、厚度和弹性模量，而且轴线方向应变与圆周方向应变不相等。

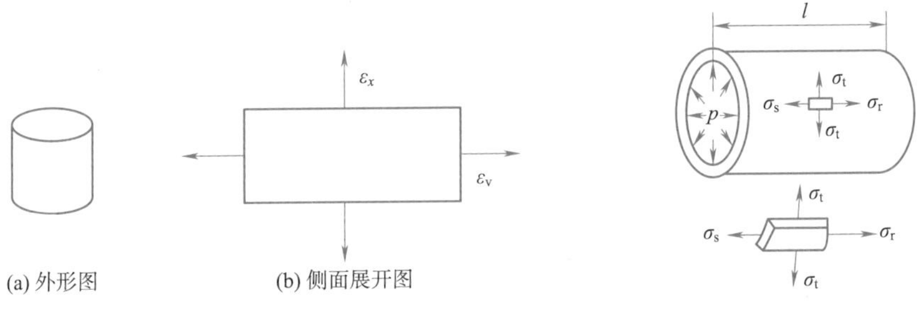

图 3-4　弹性圆柱　　图 3-5　薄壁圆筒受力分析

（3）悬臂梁

悬臂梁是一端固定另一端自由的弹性敏感元件，它具有结构简单、加工方便的特点，在较小力的测量中应用较多。悬臂梁可分为等截面梁和等强度梁，如图 3-6、图 3-7 所示。

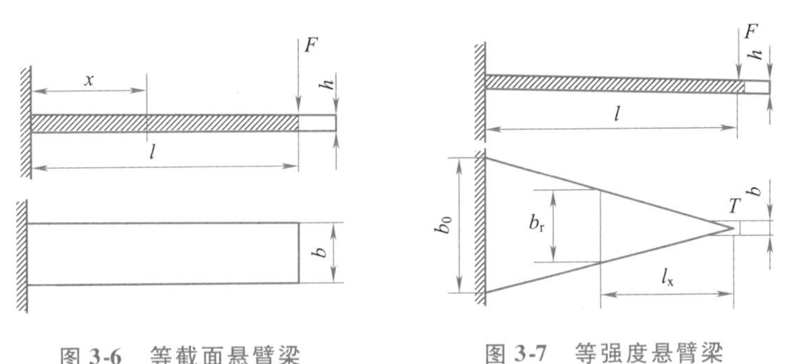

图 3-6　等截面悬臂梁　　图 3-7　等强度悬臂梁

等截面悬臂梁的不同部位所产生的应变是不相等的，而等强度悬臂梁在自由端加上作用力时，在梁上各处产生的应变大小相等。

此外，弹性敏感元件还有圆形膜片，分为平面膜片和波纹膜片两种。在相同压力情况下，波纹膜片可产生较大的挠度（位移）。

3. 应变片的常用材料及粘贴技术

（1）常用材料

①4YC3：Fe-Cr-Al 系 550 ℃高应变电阻合金，电阻率高、电阻温度系数低、热稳定性好，主要用于工作温度≤550 ℃的电阻应变计。

②4YC4：Fe-Cr-Al 系 750 ℃高温应变电阻合金，其电阻率高、电阻温度系数低，尤其是在 600 ℃以上有较好的热输入和重现性低的零漂。合金主要用作工作温度≤750 ℃的电阻应变计，用于大型汽轮机、航空、原子反应堆等领域中静态和准静态测量。

③4YC8：铜镍锰钴合金精密箔材，专用于高精度箔式电阻应变计，其温度自补偿性能及其他技术指标符合《金属粘贴式电阻应变计》标准规定的 A 级产品质量要求。箔材平均热输出系数 ct < 1 με/℃，用它制成箔式应变计，可以在钛合金、普通钢、不锈钢、铝合金、镁合金等多种材料制成的试件上达到良好的温度自补偿效果，优于国外同类合金箔材，技术性能达到国外先进水平。

④4YC9：Ni-Mo 系 500 ℃自补偿应变电阻合金，它的电阻率高、电阻温度系数小、热输出好、热稳定性好，适用于制作在≤500 ℃工作的自补偿电阻应变计。

(2)应变片的粘贴工艺步骤

①应变片的检查与选择。首先要对采用的应变片进行外观检查，观察应变片的敏感栅是否整齐、均匀，是否有锈斑以及短路和折弯等现象。其次要对选用的应变片的阻值进行测量，阻值选取合适将给传感器的平衡调整带来方便。

②试件的表面处理。为了获得良好的黏合强度，必须对试件表面进行处理，清除试件表面杂质、油污及疏松层等。一般的处理办法可采用砂纸打磨，较好的处理方法是采用无油喷砂法，试件不但能得到比抛光更大的表面积，而且可以获得质量均匀的结果。为了表面的清洁，可用化学清洗剂，如氯化碳、丙酮、甲苯等进行反复清洗，也可采用超声波清洗。值得注意的是，为避免氧化，应变片的粘贴应尽快进行。如果不立刻贴片，可涂上一层凡士林暂作保护。

③底层处理。为了保证应变片能牢固地贴在试件上，并具有足够的绝缘电阻，改善胶接性能，可在粘贴位置涂上一层底胶。

④贴片。将应变片底面用清洁剂清洗干净，然后在试件表面和应变片底面各涂上一层薄而均匀的黏合剂。待稍干后，将应变片对准划线位置迅速贴上，然后盖一层玻璃纸，用手指或胶辊加压，挤出气泡及多余的胶水，保证胶层尽可能薄而均匀。

⑤固化。黏合剂的固化是否完全，直接影响到胶的物理机械性能。黏合剂的固化要掌握好温度、时间和循环周期。无论是自然干燥还是加热固化都要严格按照工艺规范进行。为了防止强度降低、绝缘破坏以及电化腐蚀，在固化后的应变片上应涂上防潮保护层，防潮保护层一般可采用稀释的粘合胶。

⑥粘贴质量检查。首先是从外观上检查粘贴位置是否正确，粘合层是否有气泡、漏粘、破损等。然后是测量应变片敏感栅是否有断路或短路现象以及测量敏感栅的绝缘电阻。

⑦引线焊接与组桥连线。检查合格后可焊接引出导线，引线应适当加以固定。应变片之间通过粗细合适的漆包线连接组成桥路。连接长度应尽量一致，且不宜过多。

4. 测量电路

由于弹性元件产生的机械变形微小，引起的应变量 ε 也很微小，从而引起的电阻应变片的电阻率 $\Delta R/R$ 也很小。为了把微小的电阻变化率反映出来，必须采用测量电桥，把应变电阻的变化转换成电压或电流变化，从而达到精确测量的目的。

(1)平衡条件

直流电桥的基本形式如图 3-8 所示。R_1、R_2、R_3、R_4 为电桥的桥臂电阻，R_L 为其负载(可以是测量仪表内阻或其他负载)。

当 R_L 趋于无穷大时,电桥的输出电压 V_0 应为:

$$V_0 = E\left(\frac{R_2}{R_1 + R_2} - \frac{R_4}{R_3 + R_4}\right)$$

当电桥平衡时,$V_0 = 0$,由上式可得到:

$$R_1 R_4 = R_2 R_3 \quad 或 \quad \frac{R_1}{R_2} = \frac{R_3}{R_4} \tag{3-4}$$

式(3-4)称为电桥平衡条件。平衡电桥就是桥路中相邻两桥臂阻值之比应相等,桥路相邻两臂阻值之比相等方可使流过负载电阻的电流为零。

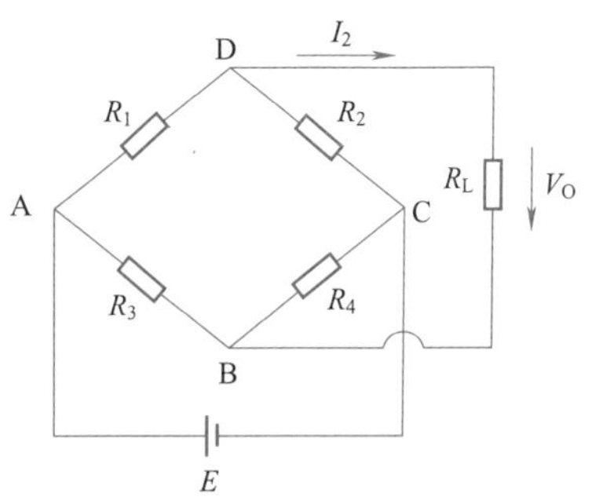

图 3-8　电阻电桥

(2)平衡状态

①单臂直流电桥

所谓单臂就是电桥中一桥臂为电阻式传感器,且其电阻变化为 ΔR,其他桥臂为阻值固定不变,这时电桥输出电压 $V_0 \neq 0$(此时仍视电桥为开路状态),则不平衡电桥输出电压 V_0 和灵敏度为:

$$V''_0 \approx \frac{1}{4} E \frac{\Delta R_1}{R_1} \tag{3-5}$$

$$S_V = \frac{1}{4} E \tag{3-6}$$

由上面四式可知,当电源电压 E 和电阻相对变化 $\Delta R_1 / R_1$ 一定时,电桥的输出电压、非线性误差、电压灵敏度也是定值,与各桥臂阻值无关。

②差动直流电桥(半桥式)

若图 3-8 中支流电桥的相邻两臂为传感器,即 R_1 和 R_2 为传感器,并且其相应变化为 ΔR_1 和 ΔR_2,则该电桥输出电压 $V_0 \neq 0$,当 $\Delta R_1 = \Delta R_2$,$R_1 = R_2$,$R_3 = R_4$ 时,则

$$V_0 = \frac{1}{2} E \frac{\Delta R_1}{R_1} \tag{3-7}$$

上式表明,V_0 与 $\Delta R_1 / R_1$ 成线性关系,比单臂电桥输出电压提高一倍,差动电桥无非线性误差,而且电压灵敏度 S_V 为:

$$S_V = \frac{1}{2} E \tag{3-8}$$

比使用一只传感器提高了一倍,同时可以起到温度补偿的作用。

③双差动直流电桥(全桥式)

若图 3-8 中直流电桥的四臂均为传感器,则构成全桥差动电路。若满足 $\Delta R_1 = \Delta R_2 = \Delta R_3 = \Delta R_4$,则输出电压和灵敏度为:

$$V_0 = E \frac{\Delta R_1}{R_1} \tag{3-9}$$

$$S_V = E \tag{3-10}$$

由此可知,全桥式直流电桥是单臂直流电桥的输出电压和灵敏度的 4 倍,是半桥式直流电桥的输出电压和灵敏度的 2 倍。

5. 电阻应变片温度误差及补偿

(1)温度误差

因环境温度改变而引起电阻变化的两个主要因素是应变片的电阻丝具有一定的温度系数,电阻丝材料与测试材料的线膨胀系数不同。

(2)零点补偿

电桥的电阻应变片虽经挑选,但要求四个应变片阻值绝对相等是不可能的。即使原来阻值相等,经过贴片后将产生变化,这样就使电桥不能满足初使平衡条件,即电桥有一个零位输出($V_0 \neq 0$)。

为了解决这一问题,可以在一对桥臂电阻乘积较小的任一桥臂中串联一个小电阻进行补偿,如图 3-9 所示。

例如当 $R_1R_3 < R_2R_4$ 时,初始不平衡输出电压 U_0 为负,这时可在 R_1 桥臂上接入 R_0,使电桥输出达到平衡。

3.1.2 电阻传感器的应用

1. 电子秤

电子秤在工业生产、商场零售等行业已随处可见。在城市商业领域,电子计价秤已取代传统的杆秤和机械案秤。市场上通用的电子计价秤的硬件电路通常以单片机为核心,结合传感器、信号处理电路、A/D 转换电路、键盘及显示器组成,其硬件组成如图 3-10 所示。

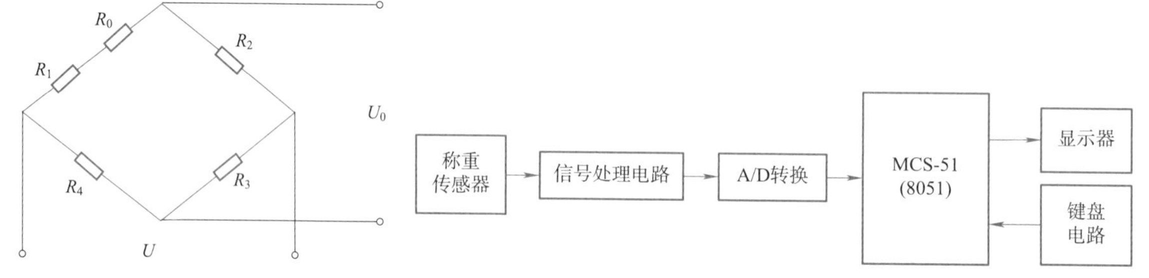

图 3-9 零点补偿电路

图 3-10 通用电子计价秤硬件结构框图

系统的基本工作过程是称重传感器将所称物品重量转换成电压信号,经信号处理电路处理成比较高的电压(此电压取决于 A/D 转换器的基准电压),在 MCU 的控制下由 A/D 转换电路转换成数字量送 CPU 进行显示并根据设置的价格计算出总金额。整个系统的重点在于传感器和信号处理部分,其他部分只是为了提高系统的自动化水平及人机交互界面,所以本项目主要讨论传感器及信号处理电路。

传感器是整个系统的重量检测部分,常用的电阻式称重传感器主要有悬臂梁、剪切梁、S 形拉压式及柱式力传感器,如图 3-11 所示。

当称重传感器受外力 F 作用时,四个粘贴在变形较大的部位的电阻应变片将产生形变,其电阻值随之变化。当外载荷改变时,由四个电阻应变片组成的电桥输出电压与外加载荷成正比。

2. 电阻式触摸屏

平时使用的手机和平板电脑等电子产品的触摸屏(又称为触控面板)就是触摸传感器,它的使用使人机交互更加方便和直观,增加了人机交流的乐趣。触摸传感器的使用减少了手机菜单按键,操作更加简单、便捷。

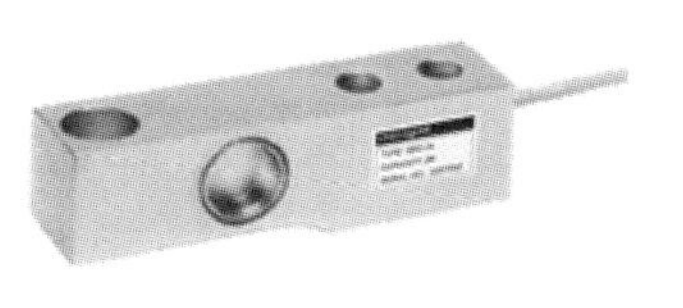
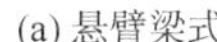

(a) 悬臂梁式

(b) 双剪切梁式

(c) S形拉压式

(d) 柱式

图 3-11　常见电子称用传感器外形图

电阻式触摸屏是触摸传感器的一种，它将矩形区域中触摸点(X,Y)的物理位置转换为代表 X 坐标和 Y 坐标的电压。很多 LCD 模块都采用了电阻式触摸屏，这种屏幕可以用四线、五线、七线或八线来产生屏幕偏置电压，同时读回触摸点的电压。电阻式触摸屏基本上是薄膜加上玻璃的结构，薄膜和玻璃相邻的一面上均涂有 ITO(纳米铟锡金属氧化物)涂层。ITO 具有很好的导电性和透明性。当触摸操作时，薄膜下层的 ITO 会接触到玻璃上层的 ITO，经由感应器传出相应的电信号，经过转换电路送到处理器，通过运算转化为屏幕上的 X、Y 值，而完成点选的动作，并呈现在屏幕上。

电阻式触摸屏的工作原理：触摸屏包含上下叠合的两个透明层，四线和八线触摸屏由两层具有相同表面电阻的透明阻性材料组成，五线和七线触摸屏由一个阻性层和一个导电层组成，通常还要用一种弹性材料来将两层隔开。触摸屏的结构如图 3-12 所示。

当触摸屏表面受到的压力(如通过笔尖或手指进行按压)足够大时，顶层与底层之间会产生接触。所有的电阻式触摸屏都采用分压器原理来产生代表 X 坐标和 Y 坐标的电压。如图 3-13 所示，分压器是通过将两个电阻进行串联来实现的。上面的电阻(R_1)连接正参考电压(V_{REF})，下面的电阻(R_2)接地。两个电阻连接点处的电压测量值与 R_2 的阻值成正比。

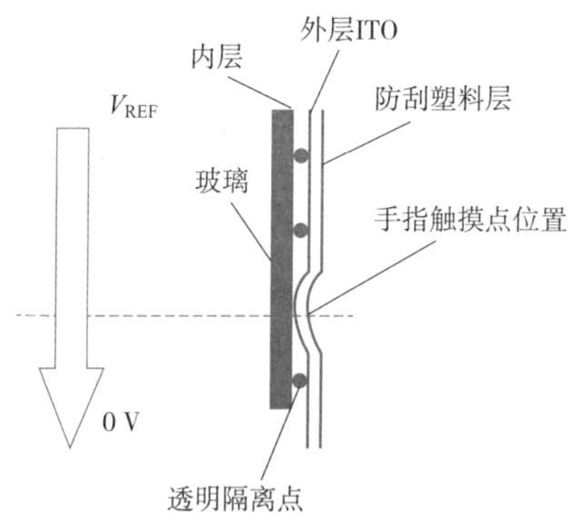

图 3-12　触摸屏的结构

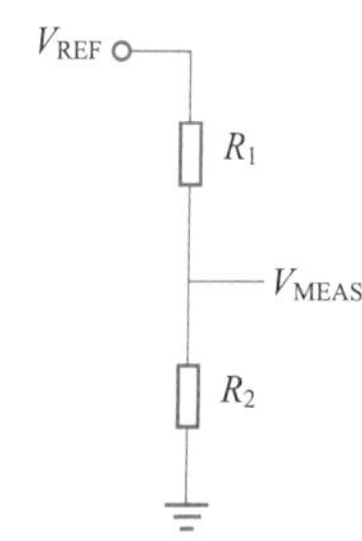

图 3-13　触摸屏的分压原理

为了在电阻式触摸屏上的特定方向测量一个坐标，需要对一个阻性层进行偏置：将它的一边接 V_{REF}，另一边接地。同时，将未偏置的那一层连接到一个 ADC 的高阻抗输入端。当触摸屏上的压力足够大，使两层之间发生接触时，电阻性表面被分隔为两个电阻。它们的阻值与触摸点到偏置边缘的距离成正比。触摸点与接地边之间的电阻相当于分压器中的 R_2。因此，在未偏置层上测得的电压与触摸点到接地边之间的距离成正比。

实训操作　压力传感器实训

一、实训目的

了解压力传感器的工作原理及用途。

二、实训设备

(1) MCS-51 核心板；

(2) 压力传感器模块；

(3) 蜂鸣器；

(4) 数码管；

(5) ISP 下载器；

(6) 电子连线若干。

三、实训原理

1. 器件概述

Force Sensing Resistor 是 Interlink Electronics 公司生产的一款质量小，体积小，感测精度高，超薄型电阻式压力传感器。

这款压力传感器是将施加在 FSR 传感器薄膜区域的压力转换成电阻值的变化，从而获得压力信息。压力越大，电阻越低。其允许用在压力 0 g～10 kg 的场合。

2. 适用领域

可用于机械夹持器末端感测有无夹持物品、双足机器人，蜘蛛机器人足下地面感测、哺乳类动物咬力测试生物实训，应用范围极其广泛。

3. 电路原理

压力检测电路原理图如图 3-14 所示。

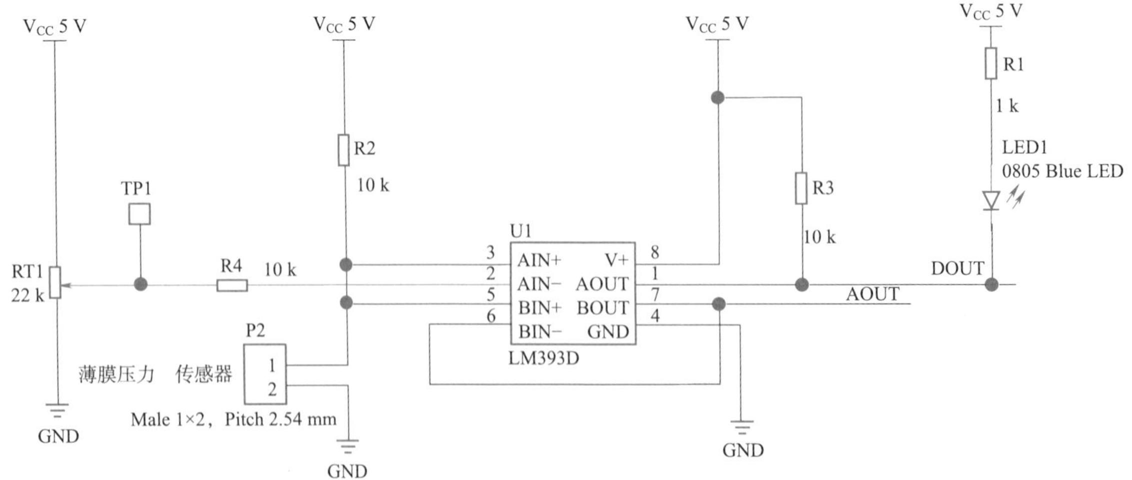

图 3-14　压力检测电路原理图

四、实训步骤

(1)将 220 V 交流电接入箱体左侧接口。

(2)将 ISP 下载器的 IDC10 插头插到 MCS-51 核心电路的 ISP 下载接口上,连接下载器到计算机上。

(3)运行 Progisp Ver1. 72 软件,调入 . Hex 文件,并下载到单片机中。实训接线如图 3-15 所示。

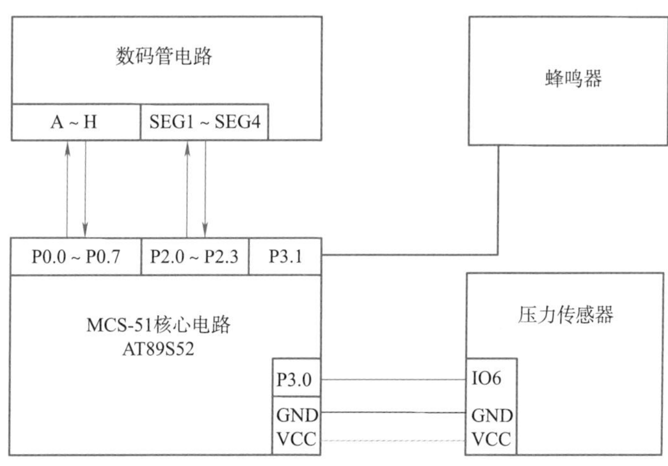

图 3-15　实训接线

(4)确认连线无误后将所使用到的各个电路电源拨动开关拨至 ON 挡接通电源。

(5)按下 MCU 模块复位键(RST)。

(6)观察实训现象,在实训结束后进行总结记录。

五、参考例程

```
/**********************************************************************/
#include <reg52.h>
#include <intrins.h>
#define uchar unsigned char
#define uint unsigned int uint
Count =0;
sbit INT = P3^0;                                              //输入脚
sbit FMQ = P3^1;                                              //蜂鸣器脚
unsigned char code table[] = {0xc0,0xf9,0xa4,0xb0,0x99,0x92,0x82,0xf8,0x80,0x90};
                                                              //数码管显示编码,阳码
unsigned char code table1[] = {0xFE,0xFD,0xFB,0xF7};         //数码管显示编码,阴码
void Delayus(unsigned int time)                               //延时时间为 1 μs * x 晶振是 11.0592M
{
    unsigned int _y;
    for(_y=0; _y < time; _y++)
        _nop_
        ();
}
void display()
```

```
{
    P2 = table1[1];
    P0 = table[Count/100];                                    //百位
    Delayus(10);
    P0 = 0xff; Delayus(10);
    P2 = table1[2];
    P0 = table[Count% 100/10];                                //十位
    Delayus(10);
    P0 = 0xff;   P2 = table1[3];
    P0 = table[Count% 10];                                    //个位
    Delayus(10);   P0 = 0xff;
    Delayus(10);
}
void FMQ_INT()                                                //蜂鸣器提示音
{
    FMQ = 0;
    Delayus(1000);
    FMQ = 1;
}
void main()
{
    while(1)
    {
        if(INT == 0)                                          //判断是否有触发信号
        {
            Delayus(200);                                     //消抖
            if(INT == 0)
            {
                FMQ_INT();
                Count ++;
            }
            while(INT! = 1);                                  //按键弹起
        }   display();
    }
}
/*********************************************************************/
```

3.2 压电传感器

3.2.1 认识压电传感器

压电传感器是一种典型的自发电式传感器。它以某些电介质的压电效应为基础,在外力作用下,在电介质的表面上产生电荷,实现力与电荷的转换,从而完成非电量(如动态力、加速度等)的检测,但不能用于静态参数的测量。

压电传感器具有结构简单、质量小、灵敏度高、信噪比高、频响高、工作可靠、测量范围广等优点。

近年来，随着电子技术的飞速发展，测量转换电路与压电元件已被固定在同一壳体内，使压电传感器使用更为方便。

某些电介质在沿一定方向上受到外力的作用而变形时，内部会产生极化现象，同时在其表面上产生电荷；当外力去掉后，又重新回到不带电的状态；当作用力方向改变时，电荷的极性也随之改变，这种现象称为压电效应。

在电介质的极化方向上施加交变电场或电压，它会产生机械振动。当去掉外加电场时，电介质变形随之消失，这种现象称为逆压电效应（电致伸缩效应）。音乐贺卡中的压电片就是利用逆压电效应而发声的。

自然界中与压电效应有关的现象很多。例如在完全黑暗的环境中，将一块干燥的冰糖用榔头敲碎，可以看到冰糖在破碎的一瞬间，发出暗淡的蓝色闪光，这是强电场放电所产生的闪光，产生闪光的机理是晶体的压电效应。在敦煌的鸣沙丘，当许多游客在沙丘上蹦跳或从鸣沙丘上往下滑时，可以听到雷鸣般的隆隆声，产生这个现象的原因是无数干燥的沙子（SiO_2晶体）受重压引起振动，表面产生电荷，在某些时刻，恰好形成电压串联，产生很高的电压，并通过空气放电而发出声音。在电子打火机中，多片串联的压电材料受到敲击，产生很高的电压，通过尖端放电而点燃火焰。

1. 压电材料

压电式传感器中的压电元件材料主要有压电晶体（单晶体）、经过极化处理的压电陶瓷（多晶体）和高分子压电材料。

（1）压电晶体

石英晶体是一种性能非常稳定的压电晶体。在 20 ~ 200 ℃ 的范围内压电常数的变化率只有 -0.000 1/℃。此外，石英晶体还具有机械强度高、自振频率高、动态响应好、绝缘性能好、线性范围宽等优点，因此主要用于精密测量。但石英晶体具有压电常数较小（$d = 2.31 \times 10^{12}$ C/N）的缺点，大多只在标准传感器、高精度传感器或测高温用传感器中使用。

（2）压电陶瓷

压电陶瓷是人工制造的多晶压电材料，它比石英晶体的压电灵敏度高得多，但机械强度较石英晶体稍低，而且制造成本也较低，因此目前国内外生产的压电元件绝大多数都采用压电陶瓷。如图 3-16 所示为部分压电陶瓷的外形。一般测量中多将压电陶瓷用在测力和振动传感器中。另外，压电陶瓷也存在逆压电效应。常用的压电陶瓷材料有锆钛酸铅系列压电陶瓷（PZT）及非铅系列压电陶瓷（如 $BaTiO_3$），其中 PZT 系列压电材料均具有较高的压电系数，是目前常用的压电材料。

（3）高分子压电材料

高分子压电材料是发展很快的一种新型材料，如图 3-17 所示。高分子压电材料有聚偏二氟乙烯（PVF_2或 PVDF）、聚氟乙烯（PVF）、改性聚氯乙烯（PVC）等，其中以 PVF_2 和 PVDF 的压电常数最高，其输出脉冲电压有的可以直接驱动 COMS 集成门电路。

高分子压电材料是一种柔软的压电材料，可根据需要制成薄膜或电缆套管等形状。它不易破碎，具有防水性，可以大量连续拉制成较大面积或较长的尺度，因此价格便宜。测量动态范围可达 80 dB，频率响应范围为 0.1 Hz ~ 10^9 Hz，因此在一些不要求测量精度的场合多用作定性测量。但高分子压电材料具有机械强度低，耐紫外线能力较差，而且随着温度的升高（工作温度一般低于 100 ℃）灵敏度将明显下降，暴晒后易老化。

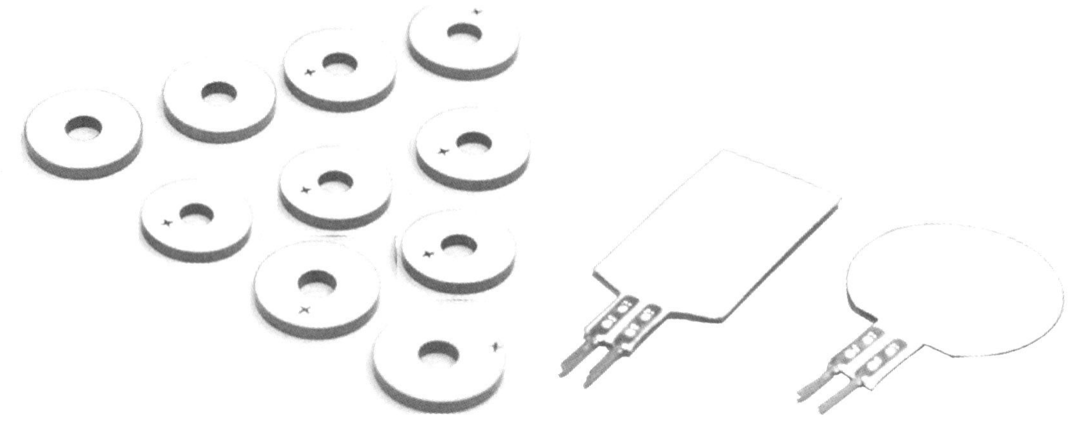

图 3-16　部分压电陶瓷的外形　　图 3-17　高分子压电薄膜

现已开发出一种压电陶瓷-高聚物复合材料，由无机压电陶瓷和有机高分子树脂构成，兼备无机和有机压电材料的性能，可以根据需要，综合两种材料的优点，制作性能更好的换能器和传感器。它的接收灵敏度很高，更适合于制作水声换能器。

选用合适的压电材料是设计高性能传感器的关键，一般应考虑以下几个方面：

①转换性能。具有较高的耦合系数或较大的压电系数。压电系数是衡量材料压电效应强弱的参数，它直接关系到压电输出的灵敏度。

②机械性能。作为受力元件，压电元件应具有较高的机械强度和较大的机械刚度。

③电性能。具有较高的电阻率和大的介电常数。

④温度和湿度稳定性。具有较高的居里点。

⑤时间稳定性。压电特性不随时间锐变。

2. 压电式传感器测量电路

(1)压电元件的等效电路

当压电元件受到沿敏感轴方向的外力作用时就产生电荷，因此压电元件可以被看成是一个电荷发生器，同时它也是一个电容器。可以把压电元件等效为一个电荷源与电容相并联的电荷等效电路，如图 3-18 所示。电容器上的电压 u_o、电荷 Q 与电容 C_a 三者之间的关系为

$$u_o = \frac{Q}{C_a}$$

在压电式传感器中，压电材料一般不用一片，而常采用两片(或是两片以上)黏结在一起，如图 3-19 所示。图 3-19(a)为两压电片的“串联”接法，其输出电容 C' 为单片电容 C 的 $1/n$，即 $C' = C/n$，输出电荷量 Q' 与单片电荷量 Q 相等，即 $Q' = Q$，输出电压 U' 为单片电压 U 的 n 倍，即 $U' = nU$；图 3-19(b)为两压电片“并联”接法，其输出电容 C' 为单片电容 C 的 n 倍，即 $C' = nC$，输出电荷量 Q'，是单片电荷量 Q 的 n 倍，即 $Q' = nQ$，输出电压 U' 与单片电压 U 相等，即 $U' = U$。

在以上两种连接方式中，串联接法输出电压高，本身电容小，适用于以电压为输出信号和测量电路输入阻抗很高的场合；并联接法输出电荷大，本身电容大，时间常数大，适用于测量缓变信号，并以电荷量作为输出的场合。

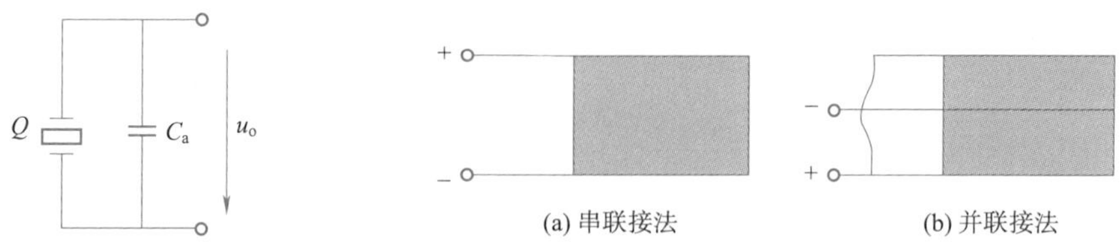

图 3-18　压电元件的等效电路

图 3-19　压电元件的串联和并联法

压电元件在压电传感器中必须有一定的预应力，这样可以保证在作用力变化时，压电片始终受到压力，同时也保证了压电片的输出与作用力的线性关系。

(2)压电式传感器的等效电路

在压电式传感器正常工作时，如果把它与测量仪表连在一起，必定与测量电路相连接。因此必须考虑连接电缆电容 C_c、放大器的输入电阻 R_i 和输入电容 C_i 等因素的影响。压电传感器与二次仪表连接的实际等效电路如图 3-20 所示。

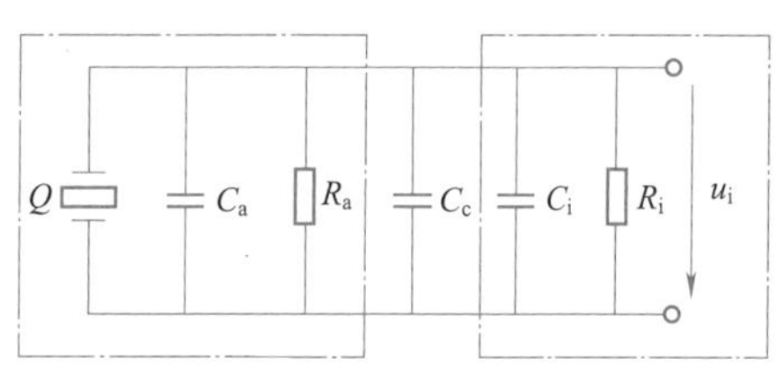

图 3-20　压电式传感器的实际等效电路

由于外力作用在压电元件上产生的电荷只有在无泄漏的情况下才能保存，即需要测量回路具有无限大的输入阻抗，这实际上是不可能的，因此压电式传感器不能用于静态测量。压电元件在交变力的作用下，电荷可以不断补充，可以供给测量回路一定的电流，因此只适用于动态测量。

(3)压电式传感器的测量电路

压电式传感器的内阻抗很高，而输出信号很微弱，这就要求负载电阻 R_L 很大时，才能使测量误差减小到一定范围。因此常在压电式传感器输出端后面先接入一个高输入阻抗的前置放大器，然后再接一般的放大电路及其他电路。

压电传感器的前置放大器有两个作用。第一是把压电式传感器的微弱信号放大，第二是把传感器的高阻抗输出变为低阻抗输出。压电传感器的输出可以是电压信号，也可以是电荷信号，所以前置放大器也有两种形式，即电压放大器和电荷放大器。

实用中多采用性能稳定的电荷放大器，这里重点以电荷放大器为例加以说明。电荷放大器(电荷/电压转换器)能将高内阻的电荷源转换为低内阻的电压源，而且输出电压正比于输入电荷。同时，电荷放大器兼备阻抗变换的作用，其输入阻抗高达 $10^{10} \sim 10^{12}\ \Omega$，输出阻抗小于 100 Ω。

电荷放大器常作为压电传感器的输入电路，由一个反馈电容 C_f 和高增益运算放大器构成，如图 3-21 所示。

由运算放大器基本特性可求出电荷放大器的输出电压为

$$u_o = \frac{-AQ}{C_a + C_c + C_i + (1 + A)C_f}$$

由于运算放大器输入阻抗极高，放大器输入端几乎没有电流，放大倍数 $A = 10^4 \sim 10^6$，因此$[(1 + A)C_f]$远大于$(C_a + C_c + C_i)$，所以$(C_c + C_i)$的影响可忽略不计，放大器的输出电压近似为

$$u_o = \frac{-Q}{C_f}$$

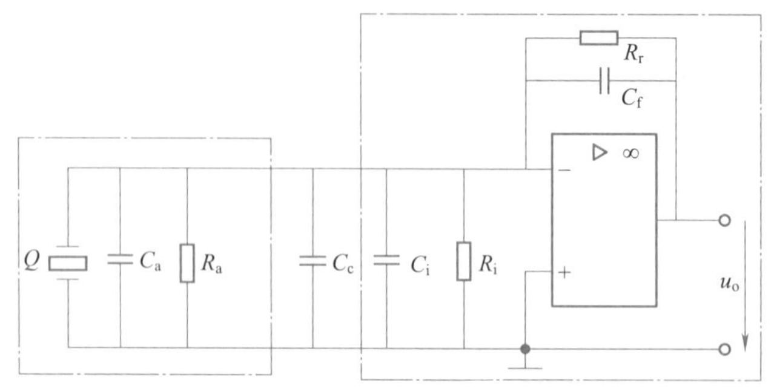

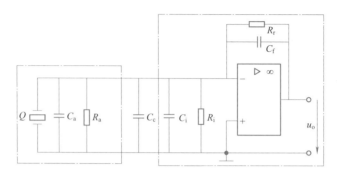

图 3-21 电荷放大等效电路

由上式可见，电荷放大器的输出电压 u_o 仅与输入电荷和反馈电容有关，与电缆电容 C_c 无关，也就是说电缆的长度等因素的影响很小，这是电荷放大器的最大特点。内部包括电荷放大器的便携式测振仪，外形如图 3-22 所示。

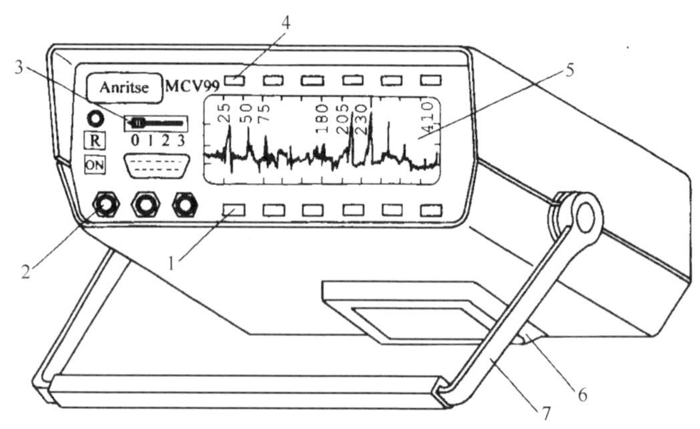

图 3-22 便携式测振仪外形

1—量程选择开关；2—压电传感器输入信号插座；3—多路选择开关；4—带宽选择开关；
5—带背光点阵液晶显示器；6—电池盒；7—可变角度支架

3.2.2 压电传感器的应用

1. 压电式麦克风

压电式麦克风的结构相对简单，它是一个伴随声音变化而变化的悬臂膜，通过压电效应直接产生放大的电压。电容式 MEMS 麦克风原理图如图 3-23 所示，压电式麦克风原理如图 3-24 所示。由于器件原理的不同，压电式麦克风的专用放大电路的设计相比电容式而言简单许多——因为压电式麦克风不需要高的偏压或增益微调，因此不再需要电荷泵和增益微调电路块，从而使得后续处理电路的结构简单，尺寸也较小；另外，无电荷泵也使得压电式麦克风的启动几乎是瞬时的，并且提高了电源抑制比（PSRR）。

压电 MEMS 麦克风可用于室内、户外、烟雾缭绕的厨房等环境，这对于大型语音控制及监控 MEMS 麦克风阵列来说是非常关键的特性，因为在这样的环境中，MEMS 麦克风阵列的可靠性将会是主要问题。此外，电容式麦克风系统需要持续的监听类似“Alexa”或“Siri”等关键词，而压电式麦克风则没有电荷泵，具有非常短的启动时间，因此，在压电式 MEMS 麦克风处于“永久监听”（always listening)模式时,它们的工作循环周期非常快,能够降低90%的系统能耗。

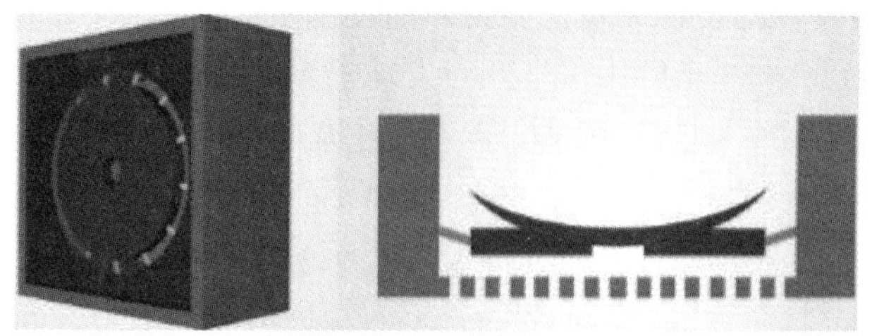

图3-23　电容式MEMS麦克风原理图

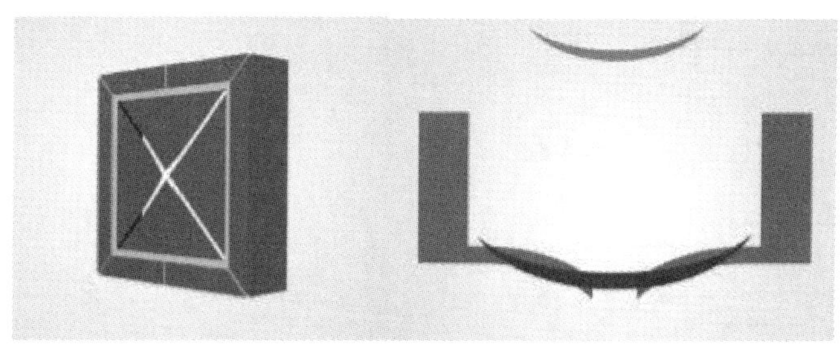

图3-24　压电式麦克风原理图

2. 保险柜中压电传感器

保险柜自动报警装置如图3-25所示,可自主开关保险柜都有自动报警功能,但仅限于移动或者撞击情况下被激活。有些保险柜三次错码时也能激活自动报警,如防火保险柜遇热报警、信息柜遇腐蚀性物质、湿度超标、磁场电场过强时激活报警等。另有一种遥控式保险柜,可以遥控保险柜的开关及报警装置。

图3-25　保险柜自动报警装置

保险柜中压电传感器电路的功能是:当压电陶瓷受到撬动,声光报警电路响起。

3. 典型压电传感器

(1)共振型压电式爆燃传感器

共振型压电式爆燃传感器主要由插头、插接器、压电元件等组成。传感器中的压电元件紧密地贴合在振荡片上，振荡片固定在传感器的基座上。共振型压电式爆燃传感器结构如图 3-26 所示。

共振型压电式爆燃传感器的工作原理是振荡片随发动机的振荡而振荡，压电元件随振荡片的振荡而发生变形，进而在其上产生一个电压信号。当发动机爆燃时，气缸的振动频率与传感器振荡片的固有频率相符合，此时振荡片产生共振，压电元件将产生最大的电压信号。共振型压电式传感器的工作特性如图 3-27 所示。

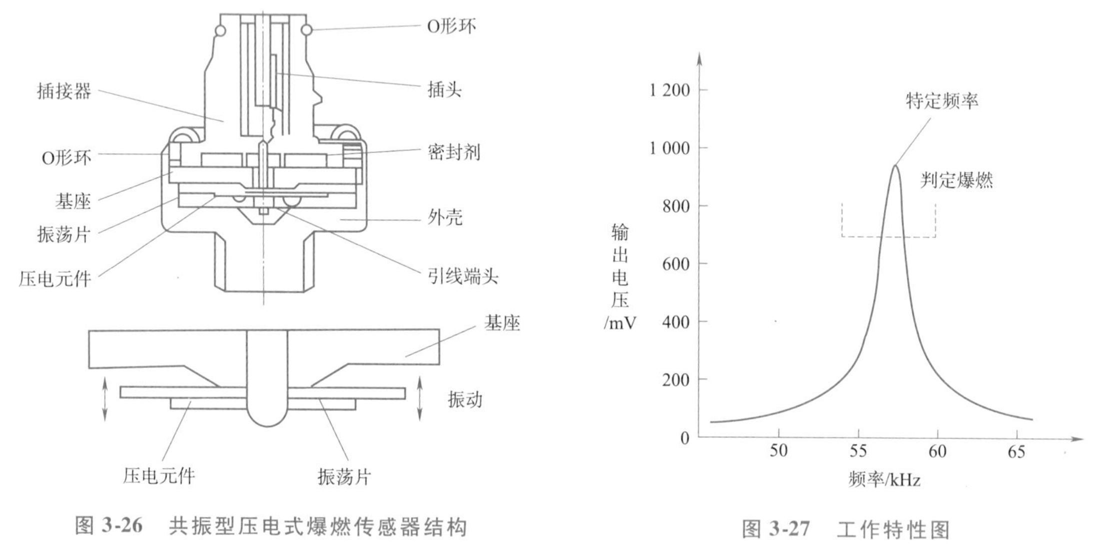

图 3-26　共振型压电式爆燃传感器结构

图 3-27　工作特性图

(2)压电式雨滴传感器

振动板的作用是接收雨滴冲击能量，按自身固有的振动频率进行弯曲振动，并将振动传递给内侧压电元件上，压电元件把从振动板传递来的变形转换成电压信号。它由振动板、压电元件、放大器、壳体及阻尼橡胶构成，其结构图如图 3-28 所示。

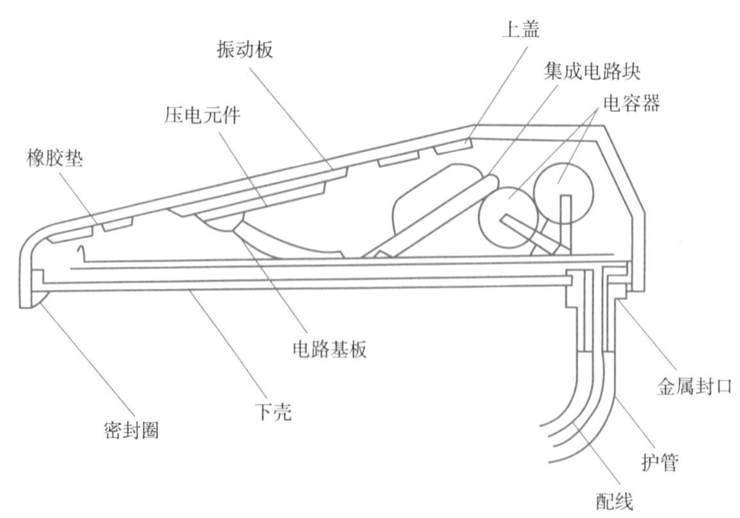

图 3-28　压电式雨滴传感器结构图

当压电元件上出现机械变形时，在两侧的电极上就会产生电压，如图 3-29 所示。

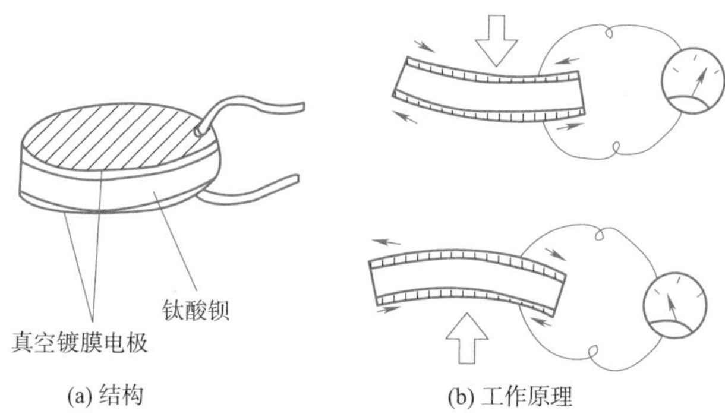

图 3-29　变形与电压

当雨滴滴落在振动板上时，压电元件上就会产生电压，电压大小与加到板上的雨滴的能量成正比，一般是 0.5 ~ 300 mV。放大器将压电元件上产生的电压信号放大后再输入到刮水器放大器中，其电路连接如图 3-30 所示。

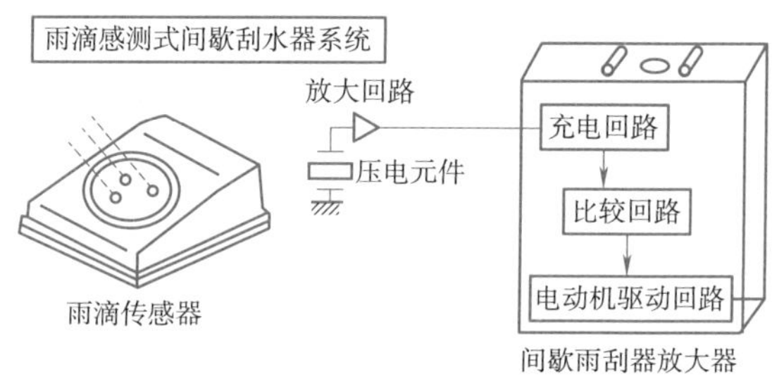

图 3-30　电路连接图

(3) 压电式声传感器

压电式声传感器结构如图 3-31 所示，当交变信号加在压电陶瓷片两端面时，由于压电陶瓷的逆压电效应，陶瓷片会在电极方向产生周期性的伸长和缩短。

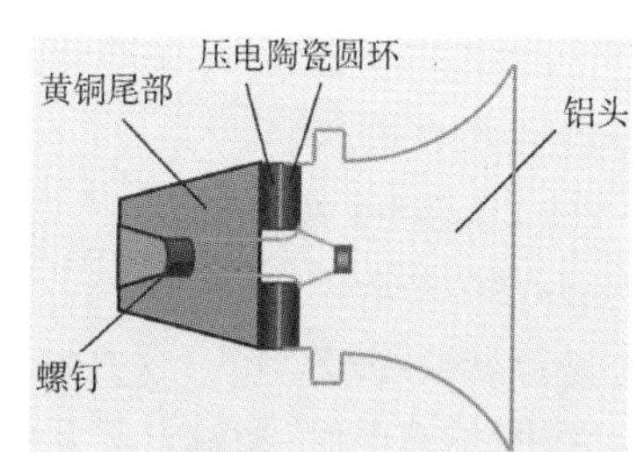

图 3-31　压电式声传感器结构

当一定频率的声频信号加在换能器上时，换能器上的压电陶瓷片受到外力作用而产生压缩变形，由于压电陶瓷的正压电效应，压电陶瓷上将出现充、放电现象，即将声频信号转换成了交变电信号。这时的声传感器就是声频信号接收器。

如果换能器中压电陶瓷的振荡频率在超声波范围，则其发射或接收的声频信号即为超声波，这样的换能器称为压电超声换能器。

(4) 压电式加速度传感器

压电元件一般由两片压电片组成。在压电片的两个表面上镀银层，并在银层上焊接输出引线，或在两个压电片之间夹一片金属，引线焊接在金属片上，输出端的另一根引线直接与传感器基座相连。在压电片上放置一个密度较大的质量块，然后用一硬弹簧或螺栓、螺母对质量块预加载荷。整个组件装在一个厚基座的金属壳体中，为了防止试件的应变传递到压电元件上去，避免产生假信号输出，所以一般要加厚基座或选用刚度较大的材料来制造。

如今的大型精密系统对质量和体积大小都非常关注，传统的大块头的压电传感器将逐步失去其市场。随着新材料及新加工技术的开发，利用激光等各种微细加工技术制成的硅加速度传感器由于具有体积非常小、互换性及可靠性都很好，正在逐步取代传统的压电传感器。压电传感器的功能已经突破传统的功能，其输出不再是一个单一的模拟信号，而是经过计算机处理后的数字信号。

实训操作　继电器控制实训

一、实训目的

了解继电器的工作原理及使用用途。

二、实训设备

(1)MCS-51 核心板；

(2)继电器；

(3)矩阵键盘；

(4)ISP 下载器；

(5)电子连线若干。

三、实训原理

1. 器件概述

继电器是一种电控制器件，是当输入量（激励量）的变化达到规定要求时，在电气输出电路中使被控量发生预定的阶跃变化的一种电器。它具有控制系统（又称输入回路）和被控制系统（又称输出回路）之间的互动关系，通常应用于自动化的控制电路中。它实际上是用小电流去控制大电流运作的一种“自动开关”。故在电路中起着自动调节、安全保护、转换电路等作用。

继电器的触点有三种基本形式：

(1)动合型（常开）(H 型)。线圈不通电时两触点是断开的，通电后，两个触点闭合。以合字的拼音字头“H”表示。

(2)动断型（常闭）(D 型)。线圈不通电时两触点是闭合的，通电后，两个触点断开。用断字的拼音字头“D”表示。

(3)转换型(Z 型)。这是触点组型。这种触点组共有三个触点，中间是动触点，上下各一个静触点。线圈不通电时，动触点与其中一个静触点断开，与另一个静触点闭合；线圈通电后，动触点移动，使原来断开的成闭合状态，原来闭合的成断开状态，达到转换的目的。这样的触点组称为转换触点。用“转”字的拼音字头“Z”表示。

2. 适用领域

继电器是具有隔离功能的自动开关元件，广泛应用于遥控、遥测、通信、自动控制、机电一体化及电力电子设备中，是最重要的控制元件之一。

3. 电路原理

继电器控制电路原理图如图 3-32 所示。

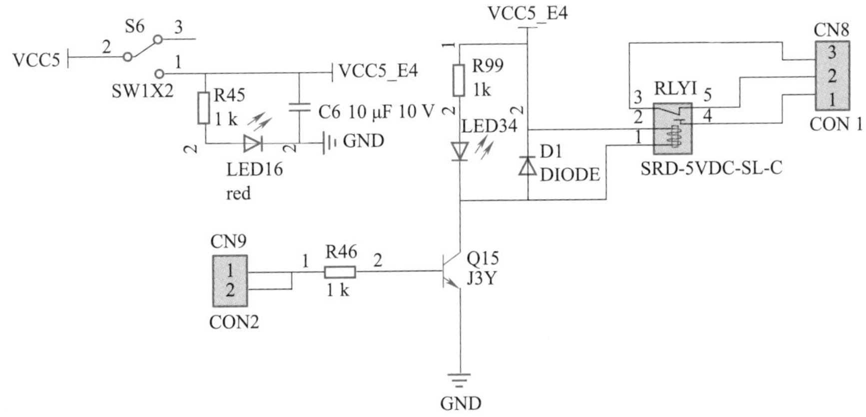

图 3-32　继电器控制电路原理图

四、实训步骤

(1)将 220 V 交流电接入箱体左侧接口。

(2)将 ISP 下载器的 IDC10 插头插到 MCS-51 核心电路的 ISP 下载接口上,连接下载器到计算机上。

(3)运行 Progisp Ver1. 72 软件,调入 . Hex 文件,并下载到单片机中。实训接线图如图 3-33 所示。

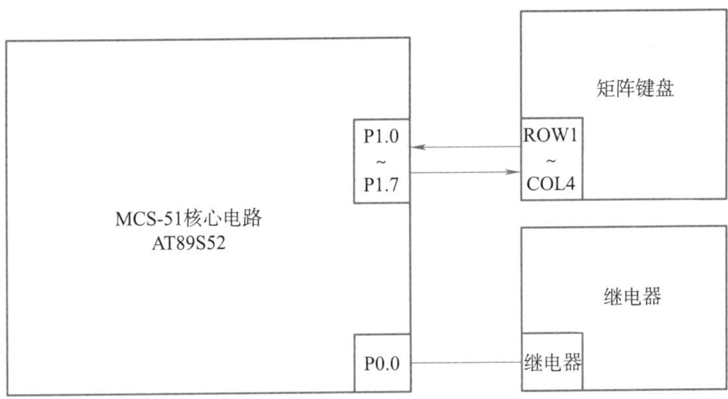

图 3-33　实训接线图

(4)确认连线无误后将所使用到的各个电路电源拨动开关拨至 ON 挡接通电源。

(5)按下 MCU 模块复位键(RST)。

(6)按下按键 1 继电器吸合,按下按键 2 继电器断开。

(7)观察实训现象,在实训结束后进行总结记录。

五、参考例程

```
/*****************************************************************/
#include <reg52.h> sbit
Relay = P0^0; unsigned
char key = 25;
unsigned char keyscan()
{
```

```
    P1 =0XFE;
    switch(P1)                          //扫第 1 行
    {
        case 0XEE:key =1;break;
        case 0XdE:key =2;break;
        case 0XbE:key =3;break;
        case 0X7E:key =10;break;
    }while(P1! =0XFE);
    P1 =0XFD;
    switch(P1)                          //扫第 2 行
    {
        case 0XED:key =4;break;
        case 0XdD:key =5;break;
        case 0XbD:key =6;break;
        case 0X7D:key =11;
        break;
    }while(P1! =0XFD);
    P1 =0XFB;
    switch(P1)                                 //扫第 3 行
    {
        case 0XEB:key =7;break;
        case 0XdB:key =8;break;
        case 0XbB:key =9;break;
        case 0X7B:key =12;break;
    }while(P1! =0XFB);
    P1 =0XF7;
    switch(P1)                                 //扫第 4 行
    {
        case 0XE7:key =0;break;
        case 0Xd7:key =13;break;
        case 0Xb7:key =14;break;
        case 0X77:key =15;break;
    }while(P1! =0XF7);
    return(key);
}
void TMI()
{
    if(keyscan() ==1)                          //判断按键是否被按下,按下则继电器吸合
    {
        key =25;
        Relay =1;
    }
    if(keyscan() ==2)                          //判断按键是否被按下,按下则继电器断开
    {
        key =25;
        Relay =0;
    }
}
```

```
void main()
{
    Relay=0;
    while(1)
    {
        TMI();
    }
}
/*****************************************************************/
```

小结

(1)电阻应变片(简称应变片或应变计)根据敏感元件的不同,分为金属式和半导体式两大类。根据敏感元件的形态不同,金属式应变计又可进一步分为丝式、箔式和薄膜等。

(2)电阻应变片的工作原理是基于金属的电阻应变效应,即金属丝的电阻随着它所受机械变形(拉伸或压缩)的大小而发生相应变化。

(3)在传感器工作过程中,用弹性元件把各种形式的物理量转换成形变,再由电阻应变计等转换元件将形变转换成电量。

(4)电桥电路能将弹性元件产生的机械变形引起微小的电阻变化率变化转换成电压或电流变化。

(5)电子称的称重传感器将所称物品重量转换成电压信号,经信号处理电路处理成比较高的电压(此电压取决于 A/D 转换器的基准电压),在 MCU 的控制下由 A/D 转换电路转换成数字量送 CPU 进行显示并根据设置的价格计算出总金额。

(6)电阻式触摸屏是一种传感器,它将矩形区域中触摸点(X,Y)的物理位置转换为代表 X 坐标和 Y 坐标的电压。

(7)某些电介质在沿一定方向上受到外力的作用而变形时,内部会产生极化现象,同时在其表面上产生电荷;当外力去掉后,又重新回到不带电的状态;当作用力方向改变时,电荷的极性也随之改变,这种现象称为压电效应。

(8)在电介质的极化方向上施加交变电场或电压,它会产生机械振动。当去掉外加电场时,电介质变形随之消失,这种现象称为逆压电效应(电致伸缩效应)。

(9)压电式传感器中的压电元件材料主要有压电晶体(单晶体)、经过极化处理的压电陶瓷(多晶体)和高分子压电材料。

(10)典型压电传感器有共振型压电式爆燃传感器、压电式雨滴传感器、压电式声传感器、压电式加速度传感器。

单元4 位移检测

位移是机械量中最重要的参数之一，对该参数的检测不仅为机械加工、机械设计、安全生产以及提高产品质量提供了重要的数据，同时也为其他参数检测提供了基础。

位移传感器又称线性传感器，是一种属于金属感应的线性器件。在生产过程中，位移的测量一般分为测量实物尺寸和机械位移两种。按被测变量变换的形式不同，位移传感器可分为模拟式和数字式两种。模拟式又可分为物性型和结构型两种。常用位移传感器以模拟式结构型居多，包括电位器式位移传感器、电感式位移传感器、电容式位移传感器、电涡流式位移传感器、霍尔式位移传感器等。数字式位移传感器的一个重要优点是便于将信号直接送入计算机系统。常用的位移传感器还有超声波传感器、光电传感器，均为非接触式测量，测量精度高，范围广。

学习目标

- 了解电位器传感器结构和特性；
- 掌握电位器传感器工作原理；
- 了解电位器传感器的应用；
- 了解超声波物理特性；
- 了解超声波传感器的应用；
- 掌握光栅传感器的工作原理，了解光栅传感器分类、细分技术；
- 了解光栅传感器的应用；
- 理解角度传感器的工作原理，了解常用角度传感器；
- 了解角度传感器的应用；
- 会搭建并调试旋转电位器控制电路；
- 会搭建并调试超声波传感器检测电路；
- 会搭建并调试步进电动机控制电路；
- 会搭建并调试角度传感器控制电路。

4.1 电位器传感器

4.1.1 认识电位器传感器

电位器是一种常用的机电元件，广泛应用于各种电器和电子设备中。它是一种把机械的线位移或角位移输入量转换为与它成一定函数关系的电阻或电压输出的传感元件。主要用于测量位移、压力、高度、加速度、航面角等参数。

电位器传感器具有一系列优点，如结构简单、尺寸小、质量小、精度高、输出信号大、性能稳定并容易实现任意函数。其缺点是要求输入能量大，电刷与电阻元件之间容易磨损。电位器的种类很多，按其结构形式不同，可分为线绕式、薄膜式、光电式等；按特性不同，可分为线性电位器和非线性电位器。目前常用的以单圈线绕电位器居多。下面对线性电位器进行介绍。

线性电位器的理想空载特性曲线应具有严格的线性关系。图 4-1 所示为电位器式位移传感器原理图。如果把它作为变阻器使用，假定全长为 x_{max} 的电位器其总电阻为 R_{max}，电阻沿长度的分布是均匀的，则当滑臂由 A 向 B 移动 x 后，A 点到电刷间的阻值为

$$R_x = \frac{x}{x_{max}} R_{max} \tag{4-1}$$

若把它作为分压器使用，且假定加在电位器 A、B 之间的电压为 U_{max}，则输出电压为

$$U_x = \frac{x}{x_{max}} U_{max} \tag{4-2}$$

如图 4-2 所示为电位器式角度传感器。作变阻器使用，则电阻与角度的关系为

$$R_a = \frac{a}{a_{max}} R_{max} \tag{4-3}$$

作为分压器使用，则有

$$U_a = \frac{x}{x_{max}} U_{max} \tag{4-4}$$

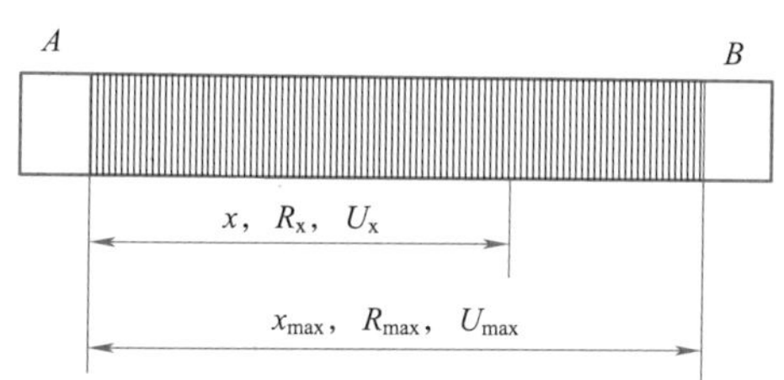

图 4-1　电位器式位移传感器原理图

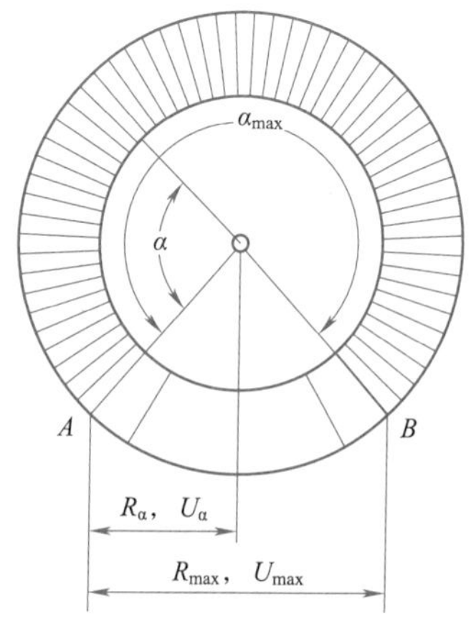

图 4-2　电位器式角度传感器原理图

线性线绕电位器理想的输出、输入关系遵循上述四个公式。因此对图 4-3 所示的位移传感器来说，因为

$$R_{max}=\frac{\rho}{A}2(b+h)n,\quad x_{max}=nt \tag{4-5}$$

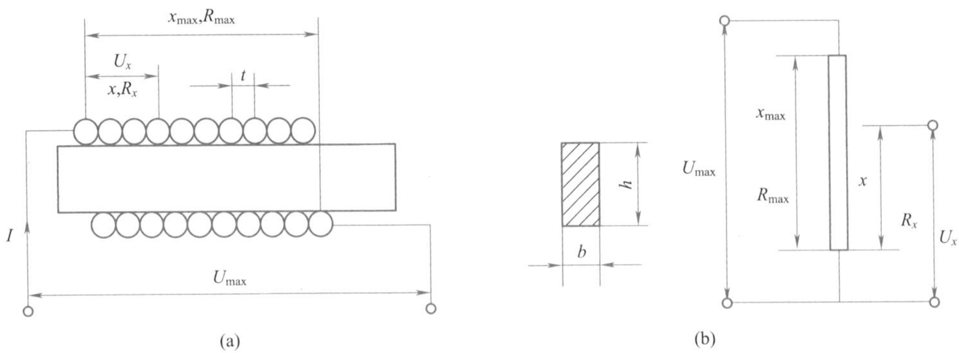

图 4-3　线性线绕电位器示意图

其灵敏度应为

$$S_R=\frac{R_{max}}{x_{max}}=\frac{2(b+h)\rho}{At},\quad S_U=\frac{U_{max}}{x_{max}}=I\frac{2(b+h)\rho}{At} \tag{4-6}$$

式中，S_R、S_U 分别为电阻灵敏度、电压灵敏度；ρ 为导线电阻率；A 为导线横截面积；n 为线绕电位器绕线总匝数。

由式(4-6)、式(4-7)可以看出，线性线绕电位器的电阻灵敏度和电压灵敏度除与电阻率 ρ 有关外，还与骨架尺寸 h 和 b、导线横截面积 A(导线直径 d)、绕线节距 t 等结构参数有关。电压灵敏度还与通过电位器的电流 I 的大小有关。

4.1.2　电位器传感器的应用

1. 电位器式位移传感器

电位器式位移传感器常用于测量几毫米到几十米的位移和几度到 360°的角度。

图 4-4 所示推杆式位移传感器可测量 5 ~ 200 mm 的位移，可在温度为 ±50 ℃、相对湿度为 98%(t = 20 ℃)、频率为 300 Hz 以内及加速度为 300 m/s^2 的振动条件下工作，精度为 2%，电位器的总电阻为 1 500 Ω。

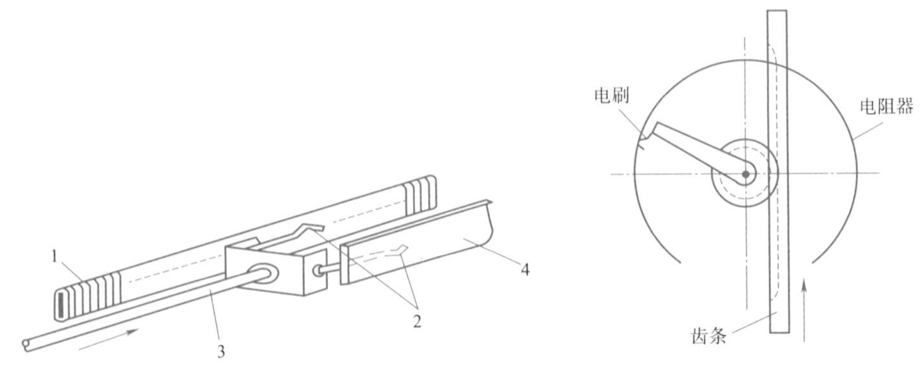

图 4-4　推杆式位移传感器示意图

1—电阻线；2—触点；3—输入轴；4—导电片

图4-5所示替换杆式位移传感器可用于量程为10 mm到量程为320 mm的多种测量范围,巧妙之处在于采用替换杆(每种量程有一种杆)。替换杆的工作段上开有螺旋槽,当位移超过测量范围时,替换杆则很容易与传感器脱开。需测大位移时可换上其他杆。电位器和以一定螺距开螺旋槽的多种长度的替换杆是传感器的主要元件,滑动件上装有销子,用以将位移转换成滑动件的旋转。替换杆在外壳的轴承中自由运动,并通过其本身的螺旋槽作用于销子上,使滑动件上的电刷沿电位器绕组滑动,此时电位器的输出电阻与杆的位移成比例。

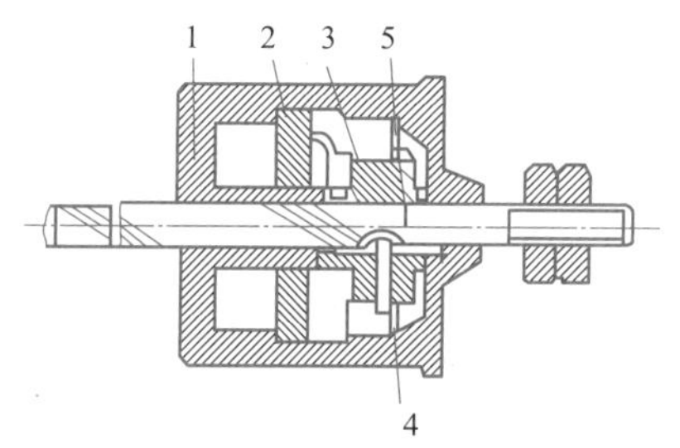

图4-5 替换杆式位移传感器

1—外壳;2—电位器;
3—滑动件;4—销子;5—替换件

2. 电位器式压力传感器

YCO-150型电位器式压力传感器原理图如图4-6所示,它利用弹性元件(如弹簧管、膜片或膜盒)把被测的压力变换为弹性元件的位移,并使此位移变为电刷触点的移动,从而引起输出电压或电流的相应变化。

弹簧管内通入被测流体,在流体压力作用下,弹簧管产生弹性位移,使曲柄轴带动电位器的电刷在电位器绕组上滑动,输出一个与被测压力成比例的电压信号。该电压信号可远距离传送,故可作为远程压力表。

3. 电位器式加速度传感器

图4-7所示为电位器式加速度传感器,惯性质量块在被测加速度的作用下,使片状弹簧产生正比于被测加速度的位移,从而引起电刷在电位器的电阻元件上滑动,输出一个与加速度成比例的电压信号。

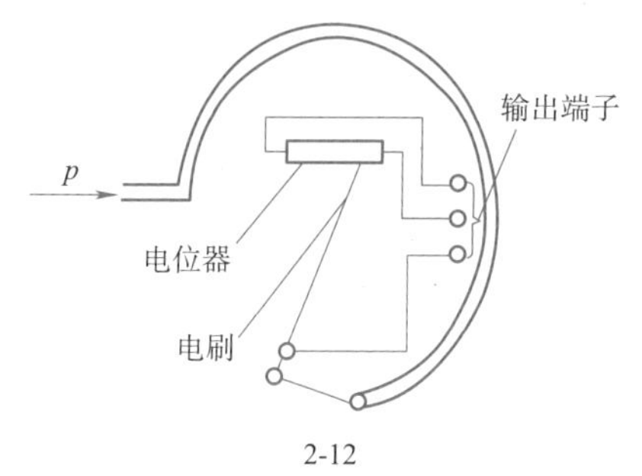

图4-6 YCO-150型电位器式压力传感器原理图

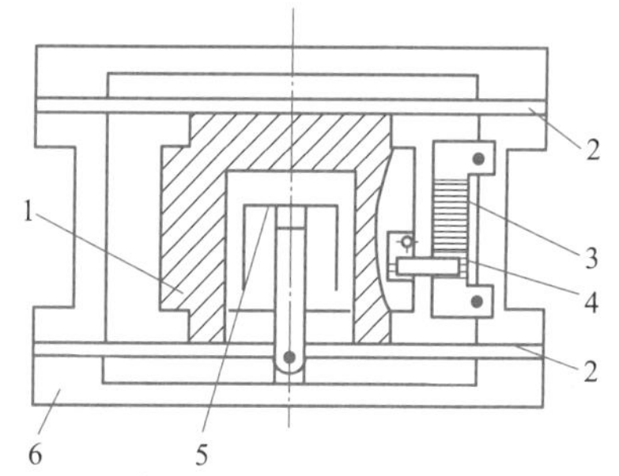

图4-7 电位器式加速度传感器

1—惯性质量;2—片弹簧;3—电位器;
4—电刷;5—阻尼器;6—壳体

电位器传感器结构简单,价格低廉,性能稳定,能承受恶劣环境条件,输出功率大,一般不需要对输出信号放大就可以直接驱动伺服元件和显示仪表。其缺点是精度不高,动态响应较差,不适于测量快速变化量。

实训操作 旋转电位器实训

一、实训目的

了解电位器的工作原理及用途。

二、实训设备

(1)MCS-51 核心板;

(2)旋转电位器模块;

(3)8 位 LED 灯;

(4)A/D 转换电路;

(5)ISP 下载器;

(6)电子连线若干。

三、实训原理

1. 器件概述

电位器是具有三个引出端,阻值可按某种变化规律调节的电阻元件。电位器通常由电阻体和可移动的电刷组成。当电刷沿电阻体移动时,在输出端即获得与位移量成一定关系的电阻值或电压。电位器既可作三端元件使用也可作二端元件使用。后者可视作一可变电阻器,由于它在电路中的作用是获得与输入电压(外加电压)成一定关系得输出电压,因此称之为电位器。

2. 电路原理

旋转电位器控制电路原理图如图 4-8 所示。

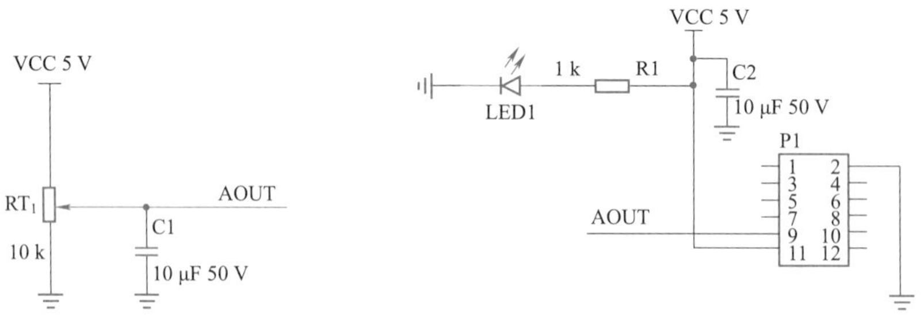

图 4-8 旋转电位器控制电路原理图

四、实训步骤

(1)将 220 V 交流电接入箱体左侧接口。

(2)将 ISP 下载器的 IDC10 插头插到 MCS-51 核心电路的 ISP 下载接口上,连接下载器到计算机上。

(3)运行 Progisp Ver 1.72 软件,调入.Hex 文件,并下载到单片机中。实训接线图如图 4-9 所示。

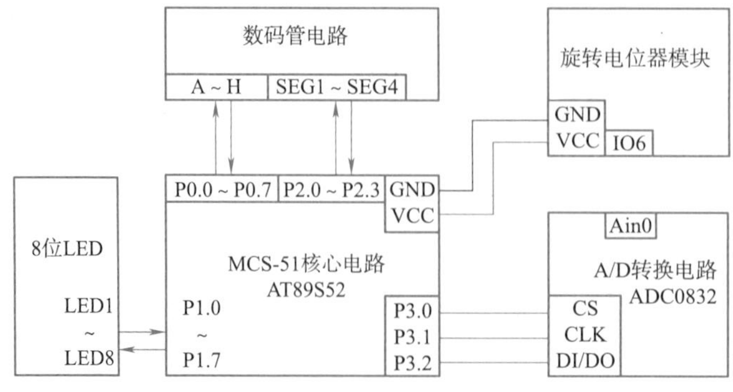

图 4-9 实训接线图

(4)确认连线无误后将所使用到的各个电路电源拨动开关拨至 ON 挡接通电源。

(5)按下 MCU 模块复位键(RST)。

(6)观察实训现象,在实训结束后进行总结记录。

五、参考例程

```
/*************************************************************************/
#include <reg52.h>
#include <intrins.h>
#define ulong unsigned long
#define uint unsigned int
#define uchar unsigned char
//-----------------------------------------------
sbit ADCS = P3^0; //ADC0832 chip seclect sbit ADCLK = P3^1;   //ADC0832 clock signal sbit
DIDO = P3^2; //ADC0832 data in
uint ZHI;
//-----------------------------------------------
unsigned char code table[] = {0xc0,0xf9,0xa4,0xb0,0x99,0x92,0x82,0xf8,0x80,0x90};  //段码
unsigned char code table1[] = {0xFE,0xFD,0xFB,0xF7};  //位码
unsigned int data dis[4] = {0x00,0x00,0x00,0x00};     //定义 3 个显示数据单元和 1 个数据存储单元
void Delayus(unsigned int time)                       //延时时间为 1 μs *  x 晶振是 11.0592M
{
    unsigned int _y;
    for(_y = 0; _y < time; _y++)
        _nop_();
}
/************
读 ADC0832 函数
************/
//采集并返回
unsigned int Adc0832(unsigned char channel)
{
    uchar i = 0; uchar j; uint dat = 0;
    uchar ndat = 0;
    if(channel == 0)channel = 2;           //CH0
    _nop_(); _nop_(); ADCS = 0;            //拉低 CS 端
    _nop_(); _nop_(); ADCLK = 1;           //拉高 CLK 端
    _nop_(); _nop_();
    ADCLK = 0;                             //拉低 CLK 端,形成下降沿 1
    _nop_(); _nop_(); ADCLK = 1;           //拉高 CLK 端
    DIDO = channel&0x1;                    //第 2 个时钟下降沿出现前,输入第 1 个数据
    _nop_(); _nop_();
    ADCLK = 0;                             //拉低 CLK 端,形成下降沿 2
    _nop_(); _nop_(); ADCLK = 1;           //拉高 CLK 端
    DIDO = (channel>>1)&0x1;               //第 3 个时钟下降沿出现前,输入第 2 个数据
    _nop_(); _nop_();
```

```
    ADCLK = 0;                          //拉低 CLK 端,形成下降沿 3 DIDO = 1; //控制命令结束
    _nop_(); _nop_(); dat = 0; for(i = 0;i < 8;i ++)
    {
        dat |= DIDO;                    //收数据
        ADCLK = 1;
        _nop_();_nop_(); ADCLK = 0;     //形成 1 次时钟脉冲
        _nop_();_nop_(); dat <<= 1; if(i == 7)dat |= DIDO;
    }
    for(i = 0;i < 8;i ++)
    {
        j = 0;
        j = j |DIDO;                    //收数据
        ADCLK = 1;
        _nop_(); _nop_(); ADCLK = 0;    //形成 1 次时钟脉冲
        _nop_(); _nop_(); j = j << 7;
        ndat = ndat |j;
        if(i < 7)ndat >>= 1;
    }
    ADCS = 1;                           //拉高 CS 端
    ADCLK = 0;                          //拉低 CLK 端
    DIDO = 1;                           //拉高数据端,回到初始状态
    dat <<= 8; dat |= ndat;
    return(dat);                        //return ad data
}
void display(unsigned char ad_data)
{
    dis[2] = ad_data/51;                //AD 值转换为 3 为 BCD 码,最大为 5.00 V.
    dis[3] = ad_data% 51;               //余数暂存
    dis[3] = dis[3]* 10;                //计算小数第 1 位
    dis[1] = dis[3]/51; dis[3] = dis[3]% 51;
    dis[3] = dis[3]* 10;                //计算小数第 2 位
    dis[0] = dis[3]/51;
    ZHI = dis[2];                       //合并数据
    ZHI = ZHI* 10 + dis[1]; ZHI = ZHI* 10 + dis[0];
    P2 = table1[1];
    P0 = table[ZHI/100];                //百位
    Delayus(10); P0 = 0xff; Delayus(10); P2 = table1[2];
    P0 = table[ZHI% 100/10];            //十位
    Delayus(10); P0 = 0xff;
    Delayus(10); P2 = table1[3];
    P0 = table[ZHI% 10];                //个位
    Delayus(10); P0 = 0xff; Delayus(10);
}
void Instructions()                     //电平指示器
{
    if(ZHI < 10)P1 = 0XFF; if(ZHI >= 10&&ZHI < 62)P1 = 0XFE; if(ZHI >= 62&&ZHI < 124)
    P1 = 0XFC; if(ZHI >= 124&&ZHI < 168)P1 = 0XF8; if(ZHI >= 168&&ZHI < 248)P1 = 0XF0;
```

```
    if(ZHI >=248&&ZHI <310)P1 =0XE0; if(ZHI >=310&&ZHI <372)P1 =0XC0; if
    (ZHI >=372&&ZHI <434)P1 =0X80; if(ZHI >=434&&ZHI <500)P1 =0X00;
}
void main()
{
    P1 =0XFF;
    while(1)
    {
        display(Adc0832(0));          //选择通道0,数码管显示当前模拟电压值
        Instructions();               //调用电平指示器
    }
}
/*****************************************************************************/
```

4.2 超声波传感器

4.2.1 认识超声波传感器

1. 超声波

振动在弹性介质内的传播称为波动,简称波。频率在20~20 kHz之间,能为人耳所闻的机械波,称为声波;低于20 Hz的机械波,称为次声波;高于20 kHz的机械波,称为超声波。声波的频率范围如图4-10所示。

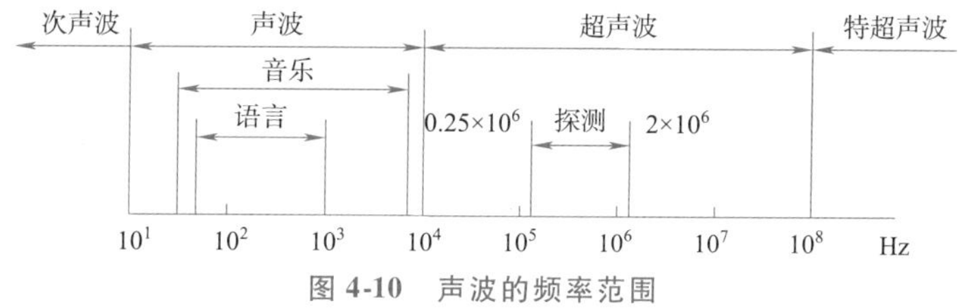

图4-10 声波的频率范围

(1)超声波的反射和折射

当超声波由一种介质入射到另一种介质时,由于在两种介质中的传播速度不同,在异质界面上会产生反射、折射或波形转换等现象。由物理学可知,当波在界面上产生反射时,入射角 α 的正弦与反射角 α' 的正弦之比等于波速之比。当入射波和反射波的波形相同时,波速相等,入射角 α 等于反射角 α',如图4-11所示。当波在界面上产生折射时,入射角 α 的正弦与折射角 β 的正弦之比,等于入射波在第一介质中的波速 c_1 与折射波在第二介质中的波速 c_2 之比,即

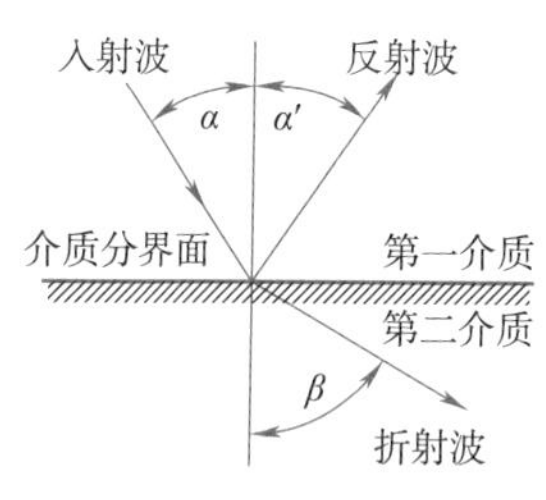

图4-11 超声波的反射和折射

$$\frac{\sin\alpha}{\sin\beta}=\frac{c_1}{c_2} \tag{4-7}$$

(2)超声波的波型及其转换

当声源在介质中的施力方向与波在介质中的传播方向不同时,声波的波形也有所不同。质点振

动方向与传播方向一致的波称为纵波，它能在固体、液体和气体中传播。质点振动方向垂直于传播方向的波称为横波，它只能在固体中传播。质点振动介于纵波和横波之间，沿着表面传播，振幅随着深度的增加而迅速衰减的波称为表面波，它只在固体的表面传播。

当声波以某一角度入射到第二介质（固体）的界面上时，除有纵波的反射、折射以外，还会发生横波的反射和折射，如图 4-12 所示。在一定条件下，还能产生表面波。各种波形均符合几何光学中的反射定律，即

$$\frac{c_L}{\sin\alpha}=\frac{c_{L_1}}{\sin\alpha_1}=\frac{c_{S_1}}{\sin\alpha_2}=\frac{c_{L_2}}{\sin\gamma}=\frac{c_{S_2}}{\sin\beta} \tag{4-8}$$

式中：α——入射角；

α_1、α_2——纵波与横波的反射角。

如果介质为液体或气体，则仅有纵波。

（3）声波的衰减

声波在介质中传播时，随着传播距离的增加，能量逐渐衰减，其衰减的程度与声波的扩散、散射和吸收等因素有关。

在平面波的情况下，距离声源 x 处的声压 p 和声强 I 的衰减规律如下：

$$p=p_0\mathrm{e}^{-\alpha x} \tag{4-9}$$

$$I=I_0\mathrm{e}^{-2\alpha x} \tag{4-10}$$

2. 超声波探头

超声波探头是实现声、电转换的装置，又称超声换能器或传感器。这种装置能发射超声波和接收超声回波，并转换成相应的电信号。超声波探头按其作用原理可分为压电式、磁致伸缩式和电磁式等数种，其中以压电式为最常用。图 4-13 为压电式超声探头结构图，其核心部分为压电晶片。该装置利用压电效应实现声、电转换。

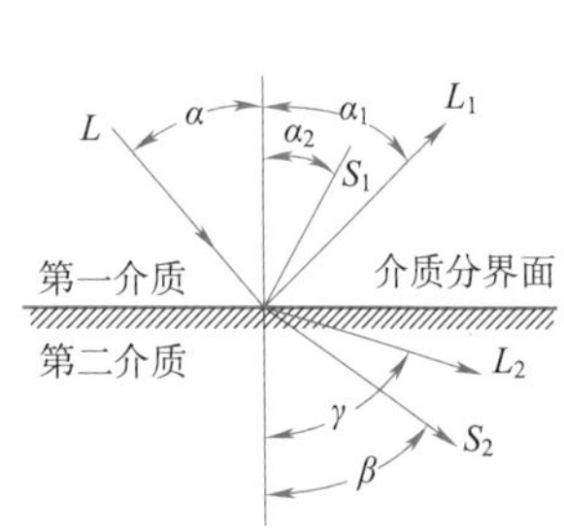

图 4-12 声波型转换图

L—入射波；L_1—反射纵波；L_2—折射纵波；

S_1—反射横波；S_2—折射横波

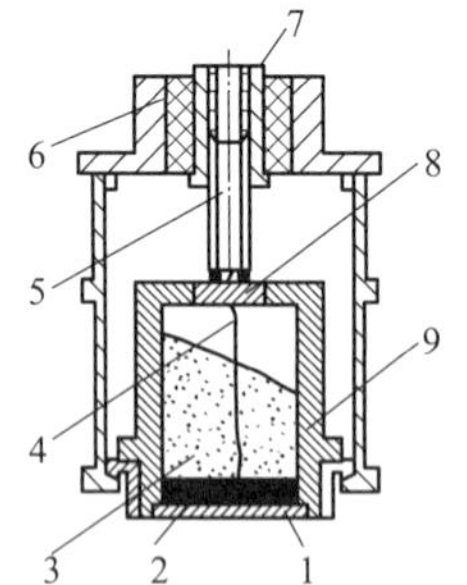

图 4-13 压电式超声探头结构图

1—压电片；2—保护膜；3—吸收块；4—接线；5—导线螺杆；

6—绝缘柱；7—接触座；8—接线片；9—压电片座

4.2.2 超声波传感器的应用

1. 超声波测厚度

超声波检测厚度的方法有共振法、干涉法和脉冲回波法等。图 4-14 为脉冲回波法检测厚度的工作原理图。

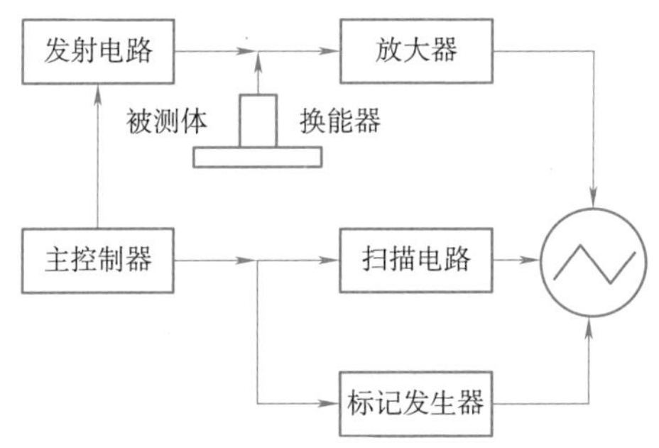

图 4-14　脉冲回波法检测厚度的工作原理图

超声波探头与被测物体表面接触。主控制器控制发射电路，使探头发出的超声波到达被测物体底面反射回来，该脉冲信号又被探头接收，经放大器放大加到示波器垂直偏转板上。标记发生器根据输出时间标记脉冲信号，同时加到该垂直偏转板上。而扫描电压则加在水平偏转板上。因此，在示波器上可直接读出发射与接收超声波之间的时间间隔 t，被测物体的厚度 h 为

$$h = ct/2 \tag{4-11}$$

式中：c——超声波的传播速度。

我国 20 世纪 60 年代初期自行设计了 CCH-J-1 型表头式超声波测厚仪，近期又采用集成电路制成数字式超声波测厚仪，其体积小到可以握在手中，精度可达 0.01 mm。

2. 超声波测液位

在化工、石油和水电等部门，超声波被广泛用于油位和水位等的液位测量。图 4-15 为脉冲回波式测量液位的工作原理图。探头发出的超声脉冲通过介质到达液面，经液面反射后又被探头接收。测量发射与接收超声脉冲的时间间隔和介质中的传播速度，即可求出探头与液面之间的距离。根据传声方式和使用探头数量的不同，可以分为单探头液介式、单探头气介式、单探头固介式和双探头液介式等数种。

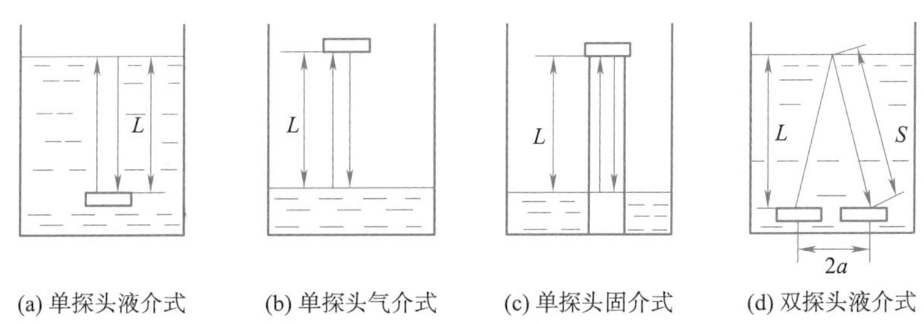

(a) 单探头液介式　(b) 单探头气介式　(c) 单探头固介式　(d) 双探头液介式

图 4-15　脉冲回波式测量液位的工作原理图

在生产实践中，有时只需要知道液面是否升到或降到某个或几个固定高度，此时可采用如图 4-16 所示的超声波定点式液位计，实现定点报警或液面控制。图 4-16(a)、图 4-16(b)为连续波阻抗式液位计的示意图。由于气体和液体的声阻抗差别很大，当探头发射面分别与气体或液体接触时，发射电路中通过的电流也就明显不同。因此利用一个处于谐振状态的超声波探头，就能通过指示仪表判断出探头前是气体还是液体。图 4-16(c)、图 4-16(d)为连续波透射式液位计示意图。图中相对安装的

两个探头，一个发射，另一个接收。当发射探头发生频率较高的超声波时，只有在两个探头之间有液体时，接收探头才能接收到透射波。由此可判断出液面是否达到探头的高度。

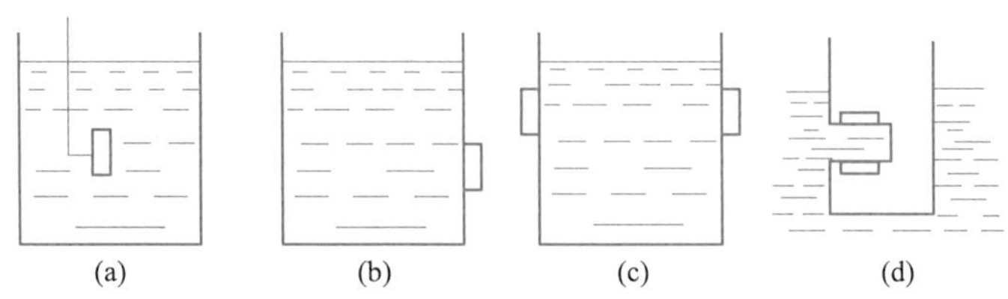

图 4-16　超声波定点式液位计

3. 超声波测流量

利用超声波测流量对被测流体并不产生附加阻力，测量结果不受流体物理和化学性质的影响。超声波在静止和流动流体中的传播速度是不同的，从而可以测量流量。超声波测流量的工作原理如图 4-17 所示。图中 v 为流体的平均流速，θ 为超声波传播方向与流体流动方向的夹角，A、B 为两个超声波探头，L 为其间隔距离。

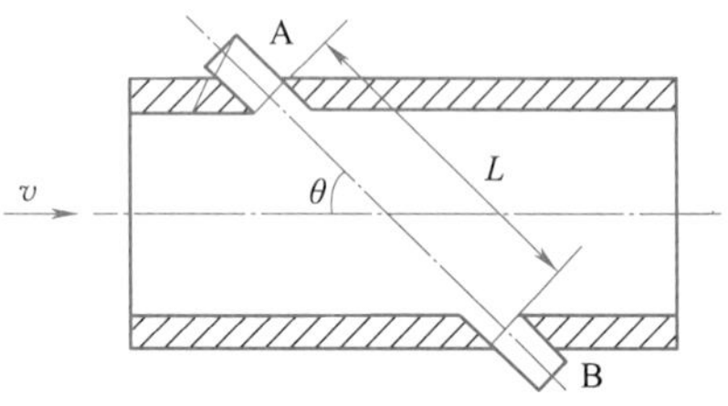

图 4-17　超声波测流体流量的原理图

实训操作　超声波传感器实训

一、实训目的

实现超声波传感器测距，了解超声波传感器的工作原理，掌握编程方法。

二、实训设备

(1) MCS-51 核心板；

(2) 超声波传感器模块；

(3) 数码管显示电路；

(4) ISP 下载器；

(5) 电子连线若干。

三、实训原理

超声波工作时序图如图 4-18 所示。超声波传感器有如下特点。

(1) 采用 IO 触发测距，给至少 10 μs 的高电平信号。

(2) 模块自动发送 8 个 40 kHz 的方波，自动检测是否有信号返回。

(3) 有信号返回，通过 IO 输出一个高电平，高电平持续的时间就是超声波从发射到返回的时间。

(4) 超声波从发射到返回的时间：测试距离 =（高电平时间 × 声速）/2。

(5) 一个控制口发一个 10 μs 以上的高电平，就可以在接收口等待高电平输出。一有输出就可以开计时器计时，当此口变为低电平时就可以读计时器的值。通过此次测距的时间，方可算出距离。

超声波测量距离时的工作原理图如图 4-19 所示。

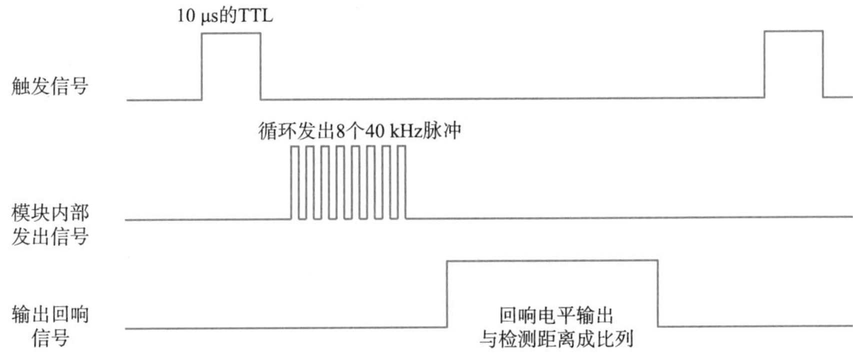

图 4-18　超声波时序图

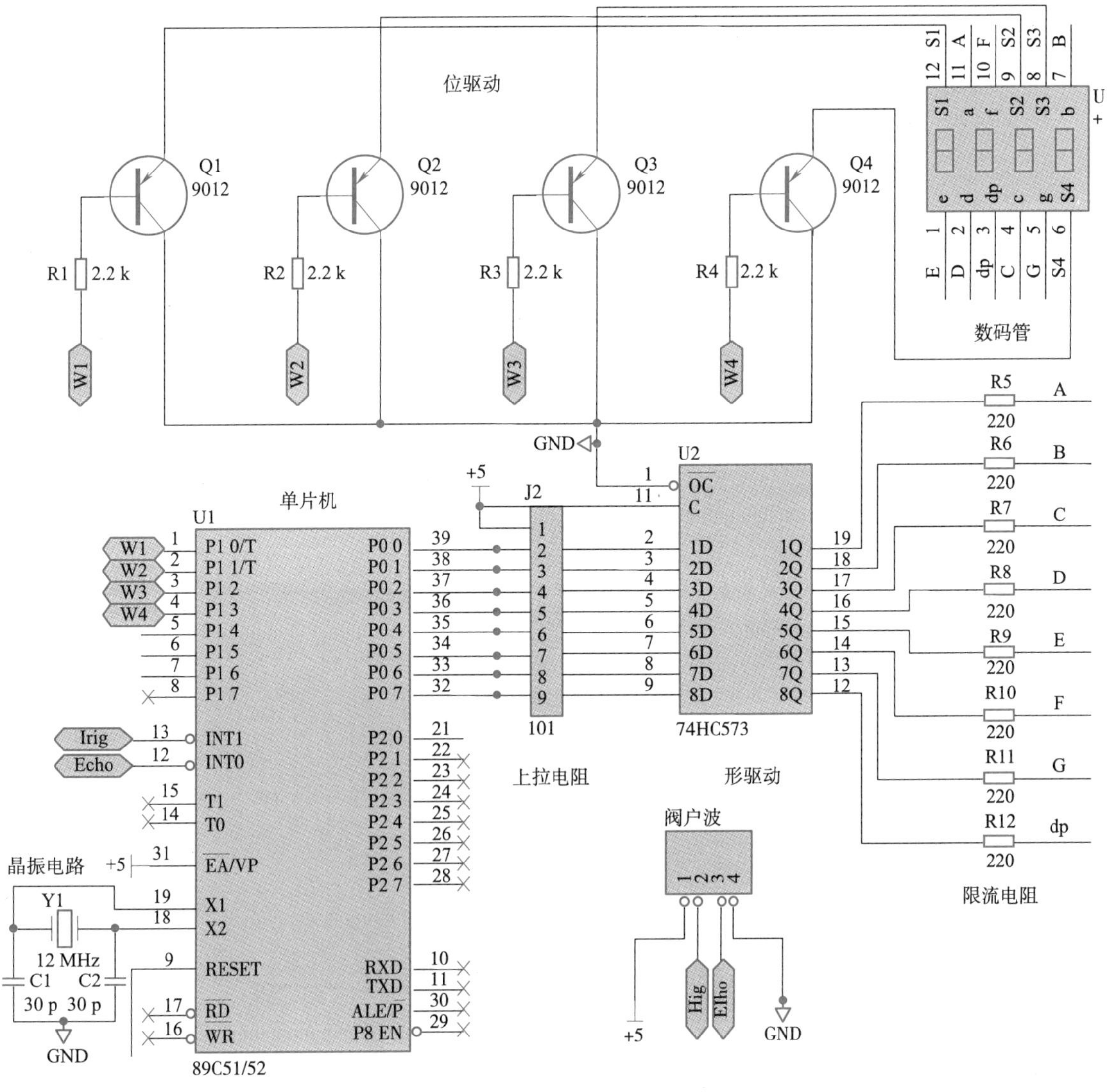

图 4-19　距离检测电路图

四、实训步骤

(1)将 220 V 交流电接入箱体左侧接口。

(2)将 ISP 下载器的 IDC10 插头插到 MCS-51 核心电路的 ISP 下载接口上,连接下载器到计算机上。

(3)运行 Progisp Ver1. 72 软件,调入 . Hex 文件,并下载到单片机中。实训接线图如图 4-20 所示。

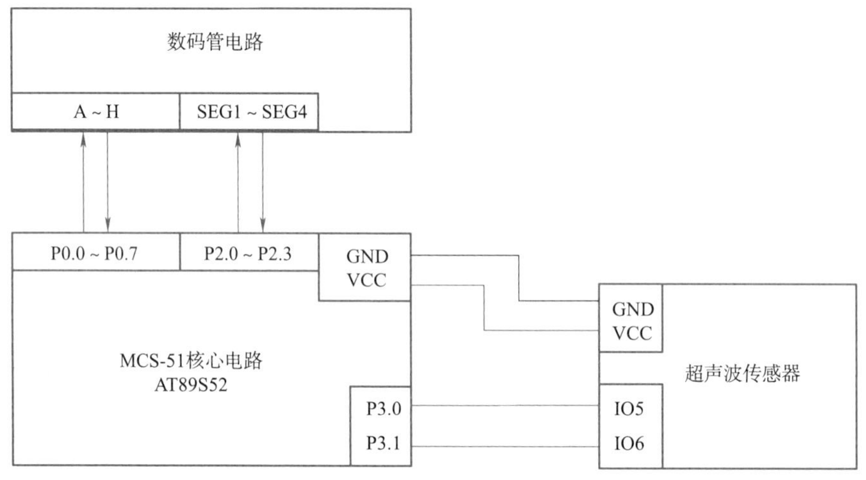

图 4-20　实训接线图

(4)确认连线无误后将所使用到的各个电路电源拨动开关拨至 ON 挡接通电源。

(5)按下 MCU 模块复位键(RST)。

(6)观察实训现象,在实训结束后进行总结记录。

五、参考例程

```
/************************************************************************/
#include <AT89x51.H>                //51 单片机头文件
#include <intrins.h>
/*************** 用户定义引脚**********************************************/
sbit ECHO_R = P3^0; sbit TRIG_T = P3^1;
/*************** 用户定义寄存器*********************************************/
unsigned int TIME = 0; unsigned int timer = 0; unsigned char posit = 0; unsigned long S = 0;
bit flag = 0;
//--------------------------------------------
unsigned char code table[] = {0xc0,0xf9,0xa4,0xb0,0x99,0x92,0x82,0xf8,0x80,0x90};//段码
unsigned char code table1[] = {0xFE,0xFD,0xFB,0xF7};          //位码
unsigned char disbuff[4] = { 0,0,0,0,};                       //存放数值
/************************************************************************/
void Display(void)                                            //扫描数码管
{
    if(posit == 0)
    {
        P0 = (table[disbuff[posit]])&0x7f;
    }
    else
```

```
    {
        P0 = table[disbuff[posit]];
    }
    P2 = table1[posit]; if(++posit >= 3) posit = 0;
}
void Conut(void)
{
    time = TH0; time <<= 8; time = time |TL0; TH0 = 0;
    TL0 = 0;
    S = (TIME* 1.7)/100;                        //算出来是 cm
    if((S >= 700)||flag == 1)                   //超出测量范围显示"-"
    {
        flag = 0;
        disbuff[0] = 10;                        //"-"
        disbuff[1] = 10;                        //"-"
        disbuff[2] = 10;                        //"-"
    }
    else
    {
        disbuff[0] = S% 1000/100; disbuff[1] = S% 1000% 100/10; disbuff[2] = S% 1000% 10 % 10;
    }
}
/**********************************************************/
void zd0() interrupt 1                          //T0 中断用来计数器溢出,超过测距范围
{
    flag = 1;                                   //中断溢出标志
}
/**********************************************************/
voidzd 3()interrupt 3                           //T1 中断用来扫描数码管和计时 800 ms 启动模块
{    TH1 = 0xf8; TL1 = 0x30;
     Display();
     timer++;
     if(timer >= 400)
     {
        timer = 0;
        TRIG_T = 1;                             //800 ms 启动一次模块
        _nop_(); _nop_(); _nop_();_nop_(); _nop_(); _nop_();
        _nop_(); _nop_(); _nop_();_nop_(); _nop_(); _nop_();
        _nop_(); _nop_(); _nop_();_nop_(); _nop_(); _nop_();
        _nop_(); _nop_();
        _nop_(); TRIG_T = 0;
    }
}
void main(void)
{
   TMOD = 0x11;                                 //设 T0 为方式 1,GATE = 1;
   TH0 = 0;TL0 = 0;
```

```
    TH1 =0xf8;                          //2 ms 定时
    TL1 =0x30;
    ET0 =1;                             //允许 T0 中断
    ET1 =1;                             //允许 T1 中断
    TR1 =1;                             //开启定时器
    EA =1;                              //开启总中断
    while(1)
    {
        while(!ECHO_R);                 //当 RX 为零时等待
        TR0 =1;                         //开启计数
        while(ECHO_R);                  //当 RX 为 1 计数并等待
        TR0 =0;                         //关闭计数
        Conut();                        //计算
    }
}
/**********************************************************************/
```

4.3 光栅传感器

4.3.1 认识光栅传感器

1. 光栅的分类

光栅是由很多等节距的透光缝隙和不透光或者反射光和不反射光的刻线均匀相间排列成的光学器件,如图 4-21 所示,a 为透光逢隙宽度,b 为栅线宽度,$w = a + b$ 为光栅栅距(也称光栅节距或光栅常数)。利用光栅制成的光栅传感器可以实现精确的位移测量,常用于高精度机床和仪器的精密定位或长度、速度、加速度及振动等方面的测量。

光栅的种类很多,按其原理和用途不同,可分为物理光栅和计量光栅。物理光栅是利用光的衍射现象制造的,主要用于光谱分析和光波长等物理量的测量。计量光栅是利用光的透射和反射现象制造的,常用于位移测量,具有很高的分辨力,可达 0.1 μm。

计量光栅根据光线的传送方向可分为透射式光栅和反射式光栅。透射式光栅一般是用光学玻璃做基体,在其上均匀地刻划线间距、宽度相等的条纹,形成连续的透光区和不透光区;反射式光栅一般使用具有强反射能力的材料(如不锈钢)作基体,在其上用化学方法制出黑白相间的条纹,形成反光区和不反光区。

计量光栅根据光栅的形状和用途可分为长光栅和圆光栅。长光栅用于直线位移测量,故又称为直线光栅;圆光栅用于角位移测量。两者工作原理基本相同。本节内容主要以长光栅为例进行介绍。

2. 光栅传感器工作原理

光栅传感器主要由光源、光栅副和光敏元件三大部分组成,如图 4-22 所示。其中光栅副由标尺光栅(也称主光栅)和指示光栅组成。标尺光栅和指示光栅的刻线完全一样,将二者叠合在一起,中间保持很小的间隙(0.05 ~0.1 mm),并使两者栅线形成很小的夹角 θ,测量时主光栅不动,指示光栅安装在运动部件上,随运动部件在与主光栅栅线垂直的方向上移动,两者之间形成相对运动。

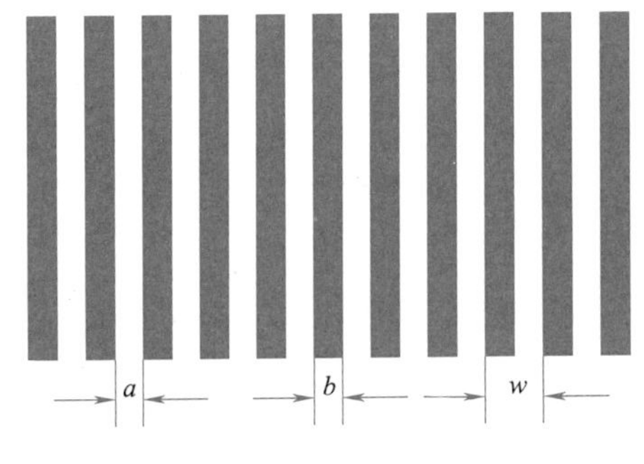

图 4-21　长型光栅

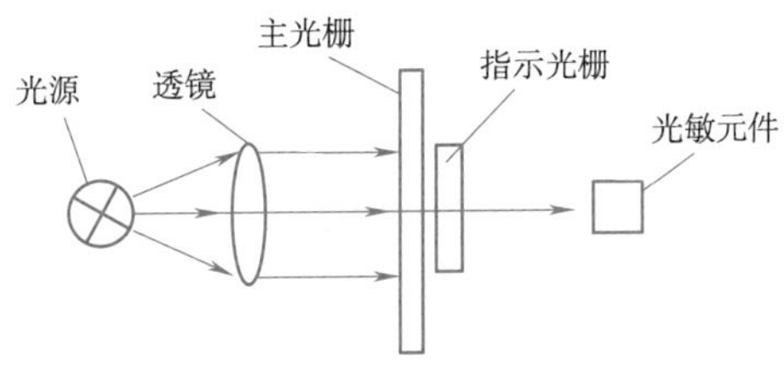

图 4-22　光栅传感器的组成

在两光栅刻线重合处，光从缝隙透过，形成亮带，如图 4-23 中 a-a 线所示；在两光栅刻线的错开处，由于相互挡光作用而形成暗带，如图 4-23 中 b-b 线所示。这种由亮带和暗带形成的明暗相间的条纹称为莫尔条纹，条纹方向与刻线方向近似垂直，通常在光栅的适当位置安装两个光电传感器（指示光栅刻线之间及与其相差 1/4 栅距的地方，保证其相位相差 90°）。当指示光栅沿水平方向自左向右移动时，莫尔条纹的亮带和暗带（a-a 线和 b-b 线）将顺序自下向上移动，不断地掠过光敏元件，光敏元件检测到的光信号按强—弱—强循环变化，光敏元件输出类似于正弦波的交变信号，每移动一个栅距 w，光强变化一个周期，如图 4-24 所示。

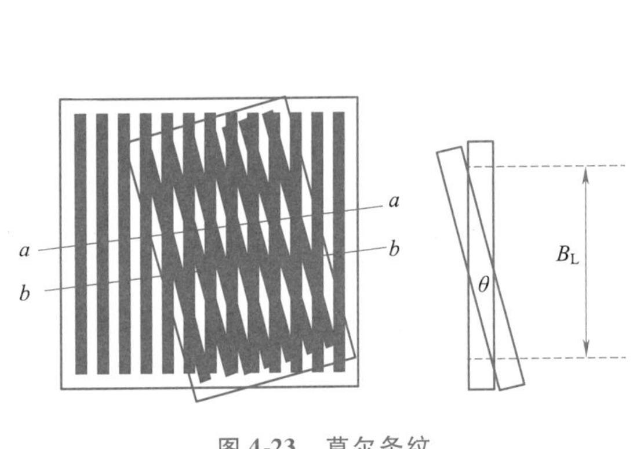

图 4-23　莫尔条纹

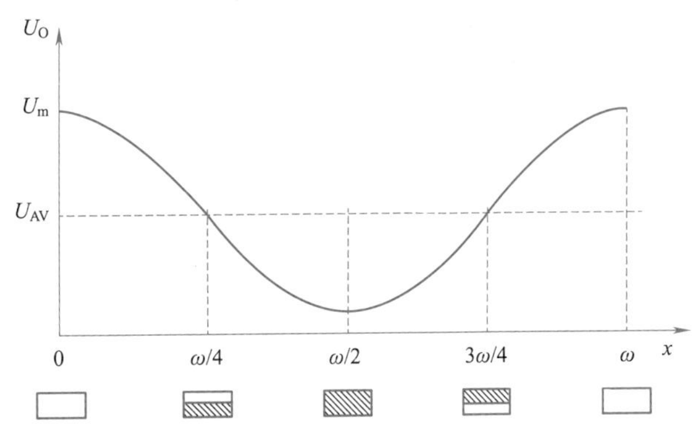

图 4-24　光栅位移与光强及输出电压的关系

莫尔条纹的基本特征：

①莫尔条纹是由光栅的大量刻线共同形成的，对光栅的刻线误差有平均作用，从而能在很大程度上消除光栅刻线不均匀引起的误差。

②当两光栅沿栅线垂直方向做相对移动时，莫尔条纹则沿光栅刻线方向移动（两者的运动方向相互垂直）；光栅反向移动，莫尔条纹亦反向移动。图 4-24 中，当指示光栅向右移动时，莫尔条纹向上运动。

③莫尔条纹的间距是放大的光栅栅距，它随着光栅刻线夹角的变化而改变。由于 θ 很小，其关系可用下式表示

$$B = w/\sin\theta \approx w/\theta \tag{4-12}$$

式中：B——莫尔条纹间距；

w——光栅栅距；

θ——两光栅刻线夹角,必须以弧度(rad)为单位。

从式中可知,θ越小,B越大,相当于把微小的栅距扩大了$1/\theta$倍。由此可见,计量光栅起到光学放大作用。例如,对25线/mm长光栅而言,$w=0.04$ mm,若$\theta=0.02$ rad,则$B=2$ mm。计量光栅的光学放大作用与安装角度有关,而与两光栅的安装间隙无关。莫尔条纹的宽度必须大于光敏元件的尺寸,否则光敏元件无法分辨光强的变化。

④莫尔条纹移过的条纹数与光栅移过的刻线数相等。例如,采用100线/mm光栅时,若光栅移动了1 mm,则从光电元件面前掠过的莫尔条纹数为100条,光电元件也将产生100个脉冲,通过对脉冲进行计数,即可知道实际的移动距离。

3. 辨向及细分原理

(1)辨向原理

如果传感器只安装一套光敏元件,则在实际应用中,无论光栅做正向移动还是反向移动,光敏元件产生了相同正弦信号,无法知道移动的方向。要想知道移动的方向,必须要设置辨向电路。

通常可以在沿光栅线的方向上相距1/4栅距的距离处安装两套光电元件(得到sin和cos两个信号),这样就可以得到两个相位相差90°的电信号$u_{\sin}$和$u_{\cos}$。经放大、整形后得到$u'_{\sin}$和$u'_{\cos}$两个方波信号,分别送到图4-25的辨向电路。由图4-25(b)可以看出,$u'_{\sin}$的上升沿经微分电路后产生的尖脉冲正好与$u'_{\cos}$的高电平相与,IC1处于开门状态,与门IC1输出计数脉冲,表示正向移动。而$u'_{\sin}$经IC3反相后产生微分脉冲被$u'_{\cos}$的低电平封锁,与门IC2输出低电平。反之,当指示光栅向左移动时,由图4-25(c)可以看出,IC1关闭,IC2产生计数脉冲,IC1输出低电平。将IC1和IC2的输出分别送到可逆计数器的加法计数端和减法计数端,用计数值与栅距相乘,即可得到相对于某个参考点的位移量,即

$$X=N\cdot w \tag{4-13}$$

(2)细分技术

由前所述,若只对光栅传感器输出的脉冲信号进行计数,其分辨率是一个w,在有些精密测量系统中,要求更高的分辨力,此时可以采用细分技术。所谓细分技术,是指在不增加光栅刻线的情况下提高光栅的分辨力,即在一个栅距w内,能得到更多的脉冲个数,则其分辨力比w更小。细分的方法主要是采用倍频法来实现,常见的有四倍频和十六倍频。

4.3.2 光栅传感器的应用

光栅尺位移传感器(简称光栅尺)是利用光栅的光学原理工作的测量反馈装置,如图4-26所示。光栅尺位移传感器经常应用于机床、加工中心的测量仪器,可用作直线位移或者角位移的检测。其测量输出的信号为数字脉冲,具有检测范围大、检测精度高、响应速度快的特点。例如,在数控机床中常用于对刀具和工件的坐标进行检测,来观察和跟踪走刀误差,以起到补偿刀具运动误差的作用。

1. 土木及水利工程中的应用

土木工程中的结构监测是光纤光栅传感器应用最活跃的领域。通过测量结构的应变分布,可以预知结构局部的载荷及健康状况。光纤光栅传感器可以贴在结构的表面或预先埋入结构中,对结构同时进行健康检测、冲击检测、形状控制和振动阻尼检测等,以监视结构的缺陷情况。另外,多个光纤光栅传感器可以串联成一个传感网络,对结构进行准分布式检测,用计算机对传感信号进行远程控制。

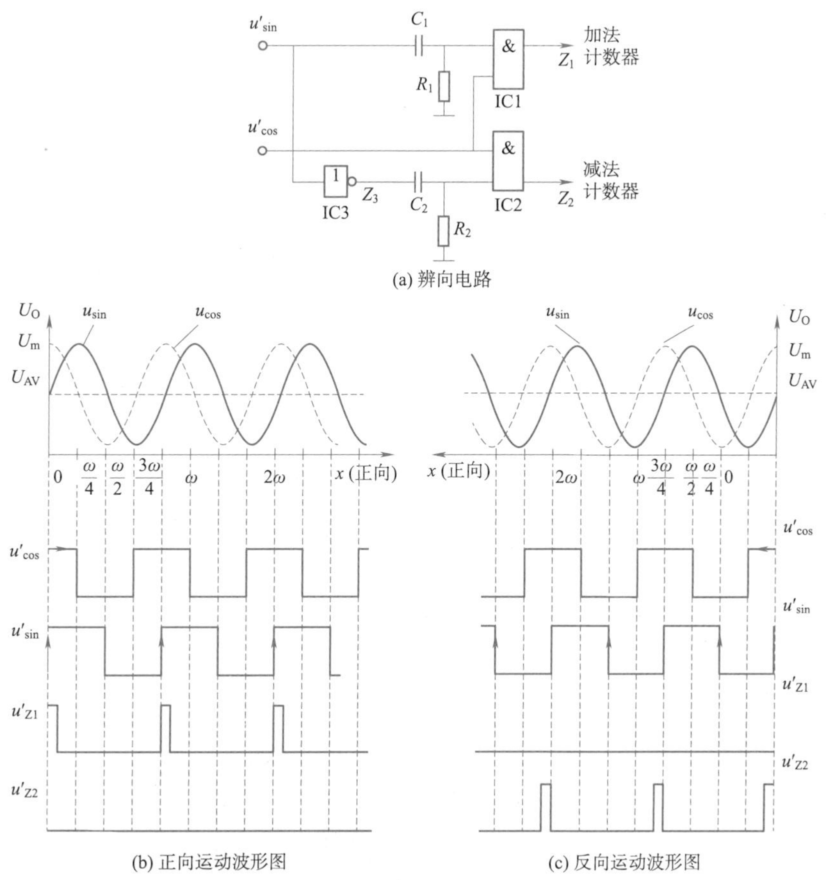

图 4-25　辨向原理

图 4-26　光栅尺位移传感器的外形

2. 航空航天中的应用

智能材料与结构的研究起源于 20 世纪 80 年代的航空航天领域。1979 年，美国国家宇航局（NASA）创始了一项光纤机敏结构与蒙皮计划，首次将光纤传感器埋入先进聚合物复合材料蒙皮中，用以监控复合材料应变与温度。先进的复合材料抗疲劳、抗腐蚀性能较好，而且可以减轻船体或航天器的质量，对于快速航运或飞行具有重要意义，因此复合材料越来越多地被用于制造航空航海工具（如飞机的机翼）。

为了监测一架飞行器的应变、温度、振动、起落驾驶状态、超声波场和加速度情况，通常需要100多个传感器，故传感器的质量要尽量小，尺寸尽量小，因此最灵巧的光纤光栅传感器是最好的选择。另外，实际上飞机的复合材料中存在两个方向的应变，嵌入材料中的光纤光栅传感器是实现多点多轴向应变和温度测量的理想智能元件。

美国国家航空和宇宙航行局对光纤光栅传感器的应用非常重视，他们在航天飞机X-33上安装了测量应变和温度的光纤光栅传感网络，对航天飞机进行实时的健康监测。X-33是一架原型机，用来作"国际空间站"的往返飞行。

3. 船舶航运业中的应用

美国海军实验室对光纤光栅传感技术非常重视，已开发出用于多点应力测量的光纤光栅传感技术，这些结构包括桥梁、大坝、船体甲板、太空船和飞机，开发有船舶结构健康监测系统，已制成用于美国海军舰队结构健康监测的低成本光纤网络，这个系统基于商用光纤光栅和通信技术，光栅传感器在船舶航行中的应用如图4-27所示。

图4-27　光栅传感器在船舶航行中的应用

4. 石化工业中的应用

光纤传感器适用于工厂的工作环境，因其具有安全性，非常适合应用于石油化工行业。

由于光纤光栅传感器具有抗电磁干扰、耐腐蚀等优点，因此，可以替代传统的电传感器广泛应用在海洋石油平台上及油田、煤田中，探测储量和地层情况。内置于细钢管中的光纤光栅传感器可用作海上钻探平台的管道或管子温度及延展测量。采用FBG传感系统可以对长距离油气管道实行分布式实时的在线监测。Spirin等人设计了一种用于漏油监测的FBG传感器。他们将FBG封装在聚合物丁基合成橡胶中，这种聚合物具有良好的遇油膨胀特性，当管道或储油罐漏油后，传感器被石油浸泡，聚合物膨胀拉伸光纤光栅，使光栅中心波长漂移，通过监测这个漂移达到报警目的。在室温下，该系统在20 min内波长漂移量大于2 nm，大大超过了环境温度变化可能引入的波长漂移(0.5 nm)。

实训操作　步进电动机原理及控制实训

一、实训目的

了解步进电动机的工作原理及使用用途。

二、实训设备

(1)MCS-51 核心板;

(2)步进电动机模块;

(3)矩阵键盘电路;

(4)ISP 下载器;

(5)电子连线若干。

三、实训原理

1. 器件概述

步进电动机是将电脉冲信号转变为角位移或线位移的开环控制元件。在非超载的情况下,电动机的转速、停止的位置只取决于脉冲信号的频率和脉冲数,而不受负载变化的影响。当步进驱动器接收到一个脉冲信号,它就驱动步进电动机按设定的方向转动一个固定的角度,称为“步距角”,它的旋转是以固定的角度一步一步运行的。可以通过控制脉冲个数来控制角位移量,从而达到准确定位的目的;同时可以通过控制脉冲频率来控制电动机转动的速度和加速度,从而达到调速的目的。步进电动机参数如下:

直径:28 mm;

电压:5 V;

步进角度:5.625 × 1/64;

减速比:1/64。

2. 适用领域

步进电动机作为执行元件,是机电一体化的关键产品之一,广泛应用在各种自动化控制系统中。

3. 电路原理

步进电动机控制电路图如图 4-28 所示。

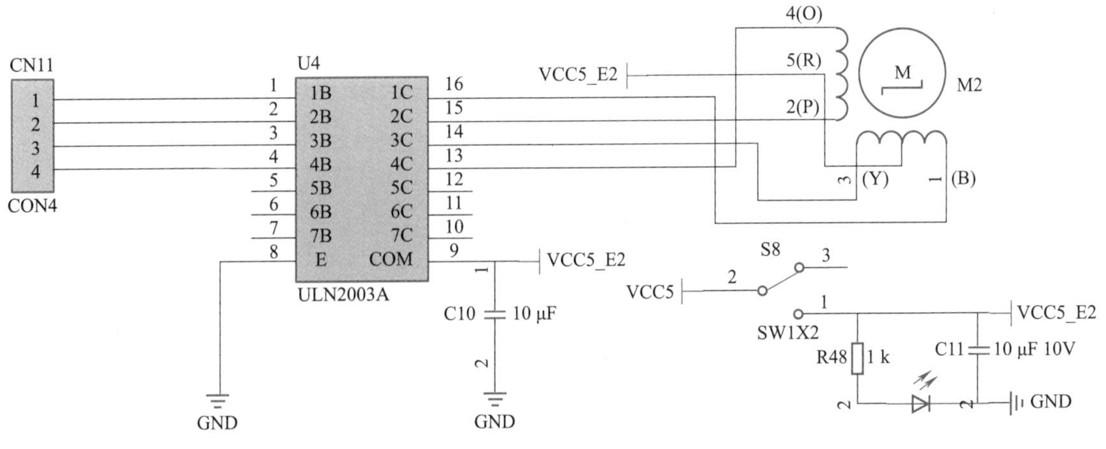

图 4-28　步进电动机控制电路图

四、实训步骤

(1)将 220 V 交流电接入箱体左侧接口。

(2)将 ISP 下载器的 IDC10 插头插到 MCS-51 核心电路的 ISP 下载接口上,连接下载器到计算机。

(3)运行 Progisp Ver1.72 软件,调入.Hex 文件,并下载到单片机中。实训接线图如图 4-29 所示。

(4)确认连线无误后将所使用到的各个电路电源拨动开关拨至 ON 挡接通电源。

(5)按下 MCU 模块复位键(RST)。

(6)按下按键 1 步进电动机正转 180°,按下按键 2 步进电动机反转 180°。

(7)观察实训现象,在实训结束后进行总结记录。

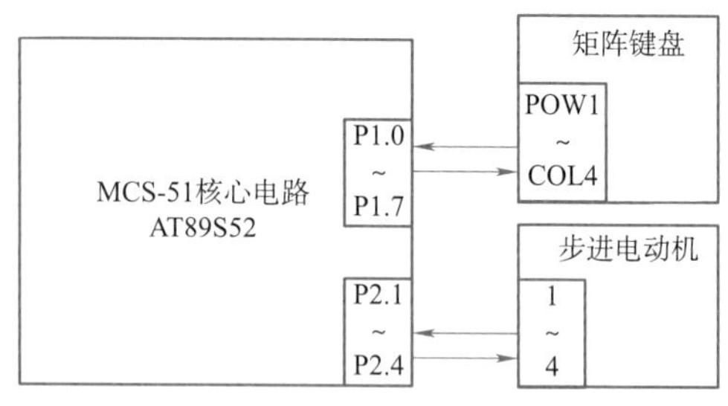

图 4-29 实训接线图

五、参考例程

```
/*****************************************************************************/
#include <reg52.h>
#include <intrins.h>
#define uchar unsigned char
#define uint unsigned int
uchar code CCW[8] = {0x02,0x06,0x04,0x0c,0x08,0x18,0x10,0x12};          //反转
uchar code CW [8] = {0x12,0x10,0x18,0x08,0x0c,0x04,0x06,0x02};          //正转
uchar key = 25;                                                         //键值变量
void delaynms (uint aa)                                                 //延时函数
{
    uchar bb;
    while(aa--)
    {
        for(bb = 0;bb < 115;bb ++)
    }
}
void delay500 μs(void)
{
    int j;
    for(j = 0;j < 57;j ++)
    {}
}
void beep(void)
{
    uchar t;
    for(t = 0;t < 100;t ++)
    {
        delay500 μs();
    }
}
/**** 矩阵键盘扫描函数*****/
uchar keyscan()
{
    P1 = 0XFE;
```

```
    switch(P1)//扫第 1 行
    {
        case 0XEE:key=1;break;
        case 0XdE:key=2;break;
        case 0XbE:key=3;break;
        case 0X7E:key=10;break;
    }while(P1!=0XFE);
    P1=0XFD;
    switch(P1)                                  //扫第 2 行
    {
        case 0XED:key=4;break;
        case 0XdD:key=5;break;
        case 0XbD:key=6;break;
        case 0X7D:key=11;
        break;
    }while(P1!=0XFD);
    P1=0XFB;
    switch(P1)                                  //扫第 3 行
    {
        case 0XEB:key=7;break;
        case 0XdB:key=8;break;
        case 0XbB:key=9;break;
        case 0X7B:key=12;
        break;
    }while(P1!=0XFB);
    P1=0XF7;
    switch(P1)                                  //扫第 4 行
    {
        case 0XE7:key=0;break;
        case 0Xd7:key=13;break;
        case 0Xb7:key=14;break;
        case 0X77:key=15;
        break;
    }while(P1!=0XF7);
    return(key);
}
void motor_ccw(void)                            //读取反转函数
{
    uchar i,j; for(j=0;j<8;j++)                 //电动机旋转 1 周
    {
        if(keyscan()==3)
        {
            key=25;                             //清零
            break;                              //K3 按下,推出此循环
        }
        for(i=0;i<8;i++)                        //旋转 45°
        {
            P2=CCW[i];
```

```
            delaynms(2);                          //调节旋转
        }
    }
}
void motor_cw(void)                               //读取正转函数
{
    uchar i,j; for(j=0;j<8;j++)
    {
        if(keyscan()==3)
        {
            key=25;                               //清零
            break;                                //K3 按下,推出此循环
        }
        for(i=0;i<8;i++)                          //旋转 45°
        {
            P2=CW[i];
            delaynms(2);                          //调节旋转
        }
    }
}
void main(void)                                   //主函数
{
    uchar r;
    uchar N=32;                                   //因为步进电动机是减速步进电动机,减速比的 1/64,
                                                    所以 N=64 时,步进电动机主轴转一圈
    while(1)
    {
        if(keyscan()==1)
        {
            key=25;                               //清零
            beep();
            for(r=0;r<N;r++)
            {
                motor_ccw();                      //电动机反转
                if(keyscan()==3)
                {
                    key=25;                       //清零
                    beep(); break;
                }
            }
        }
        if(keyscan()==2)
        {
            key=25;                               //清零
            beep();
            for(r=0;r<N;r++)
            {
```

```
        motor_cw();                                   //电动机正转
        if(keyscan() ==3)
        {
            key =25;                                  //清零
            beep(); break;
        }
        Else
           P2 =0xf0;                                  //电动机停止
    }
  }
}
/*************************************************************************/
```

4.4 角度传感器

4.4.1 认识角度传感器

1. 角度传感器概述

高速列车转向架和客车车厢的倾斜情况、火炮和雷达方位的调整、称重系统的倾斜补偿等方面都涉及角度检测与控制。要实现精确自动控制往往都会用到角度传感器。角度传感器是指能感受被测角度并转换成可用输出信号的传感器。通常情况它的内部有一个孔,可以配合乐高的轴。当连接到RCX上时,轴每转过1/16圈,角度传感器就会计数一次。往一个方向转动时,计数增加;转动方向改变时,计数减少。计数与角度传感器的初始位置有关。当初始化角度传感器时,它的计数值被设置为0,如果需要,可以用程序将其复位。角度传感器如图4-30所示。

2. 几种角度传感器

(1)磁敏电阻角度传感器

磁敏电阻角度传感器如图4-31所示。该传感器是采用高性能集成磁敏感元件,利用磁信号感应非接触的特点,配合微处理器进行智能化信号处理制成的新一代角度传感器,具有无触点、高灵敏度、接近无限转动寿命、无噪声、高重复性、高频响应特性好等优点。常用于工业机械、工程机械建筑设备、石化设备、医疗设备、航空航天仪器仪表、国防工业等旋转速度和角度的测量,也用于汽车电子脚踩节气门角位移、方向盘位置、座椅位置、前照灯位置、自动化机器人运动、旋转电机转动的控制等。

图 4-30　角度传感器

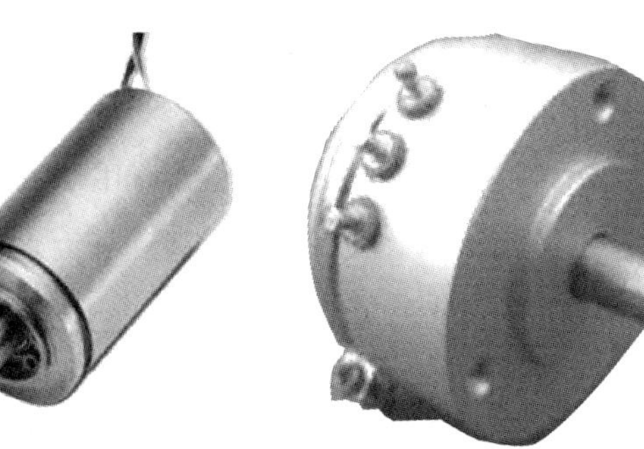

图 4-31　磁敏电阻角度传感器

传统的拉线式位移传感器由于其电刷移动时电阻以匝电阻为阶梯变化,其输出特性亦呈阶梯形。如果这种位移传感器在伺服系统中用作位移反馈元件时,则过大的阶跃电压会引起系统振荡。因此,在电位器的制作中应尽量减小每匝线圈的电阻值。同时,电位器式传感器的另一个主要缺点是易磨损、分辨力差、阻值偏低、高频特性差,从而导致测量精度的下降。它的优点是:结构简单,输出信号大,使用方便,价格低廉。

基于磁敏角度技术的拉线式位移传感器以磁场为传输载体,将位移变化转换为磁场角度位移,同时,通过通信接口将位移信号返回给应用系统。基于磁敏角度技术的拉线式位移传感器的功能是将拉线的机械位移换成可以计量、记录或传送的电信号,主要由自动回复弹簧、轮毂、磁铁以及数据处理单元等部分构成,结构如图 4-32 所示。

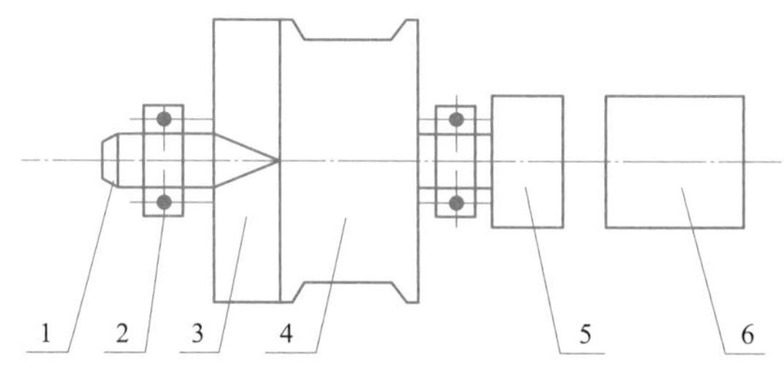

图 4-32　拉线式位移传感器结构图

1—传动轴;2—轴承;3—自动回复弹簧;4—轮毂;5—磁铁;6—数据处理单元

由图 4-32 可以看出,该基于磁敏角度技术的拉线式位移传感器主要由 6 部分组成,克服了传统的拉线式位移传感器接触式、易磨损、高频特性差等缺点。基于磁敏角度技术的拉线式位移传感器以磁场为媒介,将机械位移变化转化为磁场角度变化,一方面解决传统拉线位移传感器的接触方式,另一方面减少了磨损、提高了系统高频特性,从而确保位移检测精度。数据处理运算器将接收到的磁敏角度信号通过数学模型运算为拉线的位移信号。通信接口与应用系统的设备进行通信,接收来自应用系统设备的命令并将采集到的位移信号反馈给应用系统,从而提高了数据采集精度、稳定性和可靠性,降低了位移传感器的应用门槛。

拉线的钢绳缠绕在轮毂上,轮毂与一个磁铁连接在一起。拉线产生位移时,带动轮毂转动,轮毂的转动使与轮毂的轴连接的磁铁转动,从而使磁铁的磁场产生一个变化的角度。拉线运动发生的时候,自动回复弹簧应具备一定的张力,确保拉线的位移与磁敏角度的比例关系。磁敏角度感应器与磁铁安装在同一中心轴,用来感应磁铁角度的变化;选用一种微处理器,该处理器读取磁敏角度信息,并通过建立数学模型,将磁敏角度运算为拉线的位移。

(2)电容式角位移传感器

电容式角位移传感器如图 4-33 所示,该传感器用于测量固定部件(定子)与转动部件(转子)之间的旋转角度,因其具有结构简单、测量精度高、灵敏度高、适合动态测量等特点,而被广泛应用于工业自动控制。一般来说,电容式角位移传感器由一组或若干组扇形固定极板和转动极板组成,为保证传感器的精度和灵敏度,同时避免因环境温度等因素的改变导致介电常数、极板形状等的间接变化,进而对传感器性能产生不利影响,传感器的制作材料、加工工艺以及安装精度需达到较高要求。为了克服电容角位移传感器的局限性,国内外科学工作者进行了长期的大量研究工作,其主要思想方法是将传感器设计成差动结构。

(3)方位角传感器

方位角传感器随着军事技术的发展,有着高科技作战的性能。传感器测试系统的信息化是中国军队实现装备现代化建设的主要途径,当务之急应该用高新技术提升老装备的性能。这既是提升现有武器装备的一个重要环节,又是最大限度地发挥现有装备整体作战效能的一个重要因素。我国现役的炮塔方位角系统中,老型号较多,大部分没有配备自动检测和录取设备。炮塔方位角系统的参数的计算、数据的处理和上报大多数由人工进行,难以胜任复杂环境下的快速、准确采集。为适应现代化炮塔方位角系统的要求,必须具有一套自动采集和分析能力的完整测试系统。

(4)倾角传感器

倾角传感器经常用于系统的水平测量,还可以用来测量相对于水平面的倾角变化量,从工作原理上可分为“固体摆”“液体摆”“气体摆”三种倾角传感器。其理论基础就是牛顿第二定律。根据基本的物理原理,在一个系统内部,速度是无法测量的,但却可以测量其加速度。如果初速度已知,就可以通过积分计算出线速度,进而可以计算出直线位移。所以,它其实是运用惯性原理的一种加速度传感器。当倾角传感器静止时也就是侧面和垂直方向没有加速度作用,那么作用在它上面的只有重力加速度。重力垂直轴与加速度传感器灵敏轴之间的夹角就是倾斜角了。

倾角传感器如图 4-34 所示。MCU、MEMS 加速度计、模/数转换电路、通信单元全都集成在一块非常小的电路板上面,可以直接输出角度等倾斜数据,让人们更方便地使用它。其特点是:倾角传感器测量以水平面为参考面的双轴倾角变化。输出角度以水平面为参考,基准面可被再次校准。接口形式包括 RS-232、RS-485 和可定制等多种方式。抗外界电磁干扰能力强。

图 4-33　电容式角位移传感器

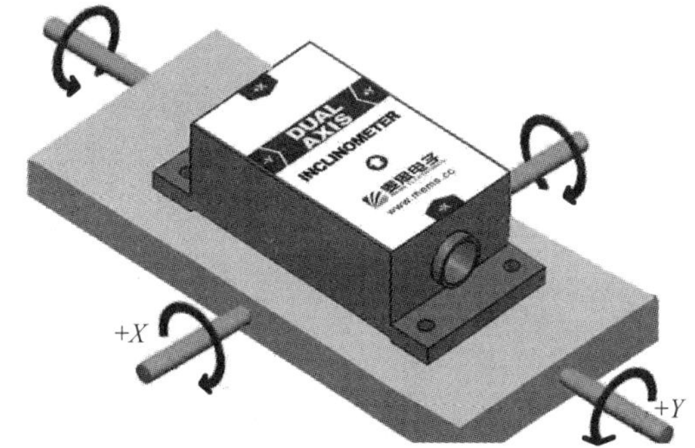

图 4-34　倾角传感器

①“固体摆”式惯性器件。固体摆在设计中广泛采用力平衡式伺服系统,其由摆锤、摆线、支架组成,摆锤受重力 G 和摆拉力 T 的作用,如应变式倾角传感器的研制就基于此原理。

②“液体摆”式惯性器件。液体摆的结构原理是在玻璃壳体内装有导电液,并有三根铂电极和外部相连接。三根电极相互平行且间距相等。当壳体水平时,电极插入导电液的深度相同。如果在两根电极之间加上幅值相等的交流电压时,电极之间会形成离子电流,两根电极之间的液体相当于两个电阻 R_{I} 和 R_{III}。若液体摆水平时,则 $R_{\mathrm{I}}=R_{\mathrm{III}}$。当玻璃壳体倾斜时,电极间的导电液不相等,三根电极浸入液体的深度也发生变化,但中间电极浸入深度基本保持不变。左边电极浸入深度小,则导电液

减少,导电的离子数减少,电阻 R_{I} 增大,相对极则导电液增加,导电的离子数增加,而使电阻 R_{III} 减小,即 $R_{\mathrm{I}} > R_{\mathrm{III}}$;反之,若倾斜方向相反,则 $R_{\mathrm{I}} < R_{\mathrm{III}}$。

在液体摆的应用中也有根据液体位置变化引起应变片,从而引起输出电信号变化而感知倾角。在实际应用中除此类型外,还有在电解质溶液中留下一气泡,当装置倾斜时气泡运动,使电容发生变化而感应出倾角。

③"气体摆"式惯性器件。如同固体摆和液体摆具有的敏感质量一样,气体在受热时受到浮升力的作用,热气流总是力图保持在铅垂方向上,因此也具有摆的特性。"气体摆"式惯性元件由密闭腔体、气体和热线组成。当腔体所在平面相对水平面倾斜或腔体受到加速度的作用时,热线的阻值发生变化,并且热线阻值的变化是角度或加速度的函数,因而也具有摆的效应。其中热线阻值的变化是气体与热线之间的能量交换引起的。"气体摆"式惯性器件的敏感机理基于密闭腔体中的能量传递,在密闭腔体中有气体和热线,热线是唯一的热源。当装置通电时,对气体加热。在热线能量交换中对流是主要形式。

4.4.2 角度传感器的应用

1. 在汽车中的应用

随着电子技术的发展和应用,汽车的安全性、舒适性和智能性越来越高。汽车侧向倾斜角度传感器的应用是防止汽车在行驶中发生倾翻事故的一种有效方法,是提高汽车安全性的重要措施,特别在越野车、双层客车等重心较高的汽车中更有必要。

汽车倾翻的实质是:行驶中向外的倾翻力矩大于向里的稳定力矩,当重心高度一定时,倾翻力矩由倾翻力(向外的侧向力)决定。根据物理学知识,倾翻力由路面的侧向(亦称横向)坡度产生的下滑力 F_1 和转弯时所受向心力 F_2 共同作用所产生,具体如下:

$$F_1 = mg\sin\alpha$$

$$F_2 = mv^2/R$$

式中:m——汽车质量;

g——重力加速度;

α——路面与水平面的侧向夹角;

v——汽车行驶速度;

R——转弯半径。

由以上公式可知,为了减小倾翻力,只有减小 v 是可行的,而且 F_2 与 v^2 成正比关系,根据牛顿第三定律,转弯时汽车在受到向心力作用的同时,产生与向心力大小相等、方向相反的离心力,因为汽车质量 m 是一定的,当向心力不能满足 v^2/R 的增大时,倾翻力矩大于稳定力矩,就会发生倾翻。

因此,减小倾翻力矩,应降低车速。将角度传感器按摆动方向在汽车上侧向布置,根据角度传感器产生的角位移,可得出汽车所受下滑力、向心力作用产生的倾翻力大小,当角位移达到预先设定的数值时,使汽车减速。

2. 在军事上的应用

大家熟知的火炮是利用火药燃气压力等能源抛射弹丸,口径等于或大于 20 mm 的身管射击武器。早在 1332 年,中国元朝的部队中就装备了最早的金属身管火炮——青铜火铳。火炮通常由炮身和炮架两大部分组成。火炮射击时对炮床倾角的要求很高,利用角度传感器设计的数字式象限仪,可明显提高校正火炮的速度,降低操作难度。

角度传感器为炮弹发射的准确性、稳定性提供最大的帮助。如今炮架由反后坐装置、方向机、高低机、瞄准装置、大架和运动体、角度传感器等组成。反后坐装置用以保证火炮发射炮弹后的复位;方向机和高低机用来保证火炮发射炮弹后复位;方向机和高低机用来操纵炮身变换方向和高低、用以装定火炮射击数据,实施瞄准射击;大架和运动体用于射击时支撑火炮,行军时作为炮车。

实训操作　角度舵机原理及控制实训

一、实训目的

了解角度舵机的工作原理及用途。

二、实训设备

(1)MCS-51 核心板;

(2)角度舵机;

(3)矩阵键盘;

(4)ISP 下载器;

(5)电子连线若干。

三、实训原理

1. 器件原理

舵机简单的说就是集成了直流电动机、电动机控制器和减速器等,并封装在一个便于安装的外壳里的伺服单元,能够利用简单的输入信号比较精确地转动给定角度的系统。舵机安装了一个电位器(或其他角度传感器)检测输出轴转动角度。控制板根据电位器的信息能比较精确地控制和保持输出轴的角度。这样的直流电动机控制方式称为闭环控制,所以舵机更准确的说是伺服电动机。舵机的主体结构如图 4-35 所示,主要有几个部分:外壳、减速齿轮组、电动机、电位器、控制电路。其工作原理是控制电路接收信号源的控制信号并驱动电动机转动;齿轮组将电动机的速度成大倍数缩小,并将电动机的输出扭矩放大相应倍数,然后输出;电位器和齿轮组的末级一起转动,测量舵机轴转动角度;电路板检测并根据电位器判断舵机转动角度,然后控制舵机转动到目标角度或保持在目标角度。

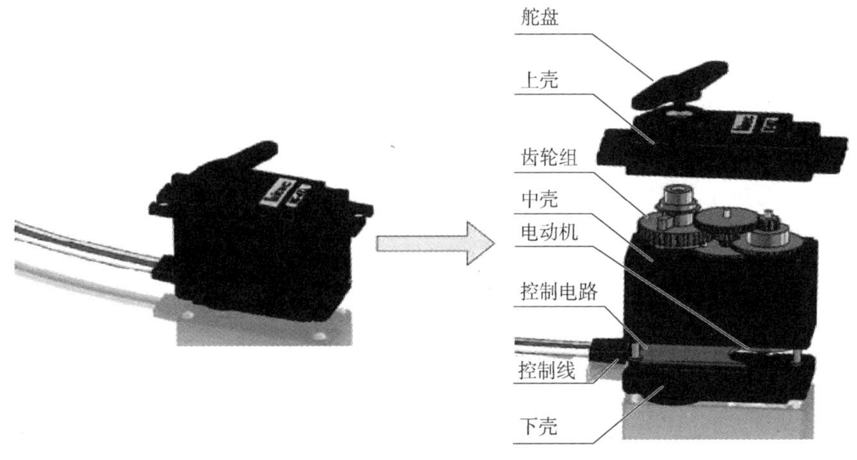

图 4-35　舵机的主体结构

2. 电路原理

角度舵机的工作电路图如图 4-36 所示。

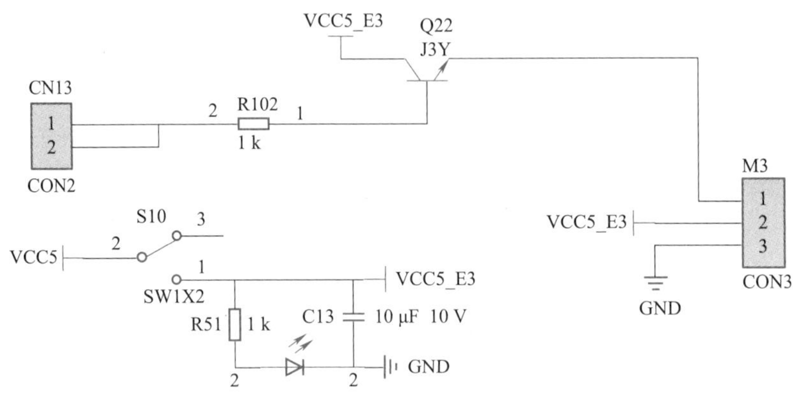

图 4-36 角度舵机的工作电路图

四、实训步骤

(1)将 220 V 交流电接入箱体左侧接口。

(2)将 ISP 下载器的 IDC10 插头插到 MCS-51 核心电路的 ISP 下载接口上,连接下载器到计算机上。

(3)运行 Progisp Ver1. 72 软件,调入 . Hex 文件,并下载到单片机中。实训接线图如图 4-37 所示。

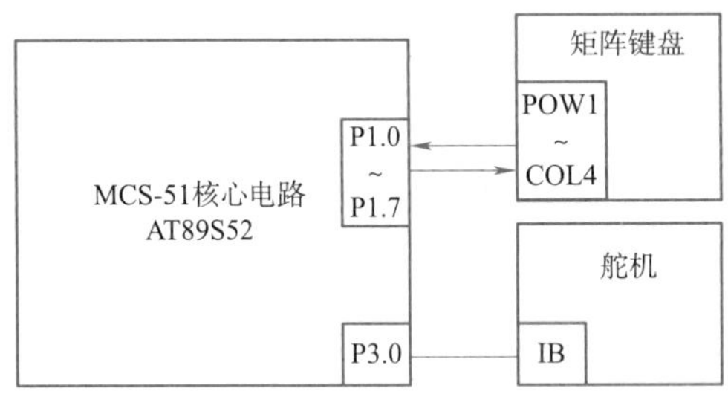

图 4-37 角度舵机的实训接线图

(4)确认连线无误后将所使用到的各个电路电源拨动开关拨至 ON 挡接通电源。

(5)按下 MCU 模块复位键(RST)。

(6)按下按键 1 舵机正转 180°,按下按键 2 舵机反转 180°。

(7)观察实验现象,在实验结束后进行总结记录。

五、参考例程

```
/***********************************************************************/
#include <reg52.h> sbit pwm = P3^0;unsigned char jd;unsigned char key = 25;
unsigned int flag_pwm;unsigned char count;void Time0_Init()
{
  TMOD = 0x01;IE = 0x82;
```

```
  TH0 = 0xfe;TL0 = 0x33;TR0 = 1;
}
void Time_Int() interrupt 1 if( flag_pwm < 3000)
{
  TH0 = 0xfe;TL0 = 0x33;
  if( count < jd) pwm = 1;else pwm = 0;
  count = ( count + 1) ;
  count = count% 40;
  flag_pwm + + ;
}
unsigned char keyscan()
{
  P1 = 0XFE;
  switch( P1)                              //扫第 1 行
  {
    case 0XEE:key = 1;break;
    case 0XdE:key = 2;break;
    case 0XbE:key = 3;break;
    case 0X7E:key = 10;break;
  }while( P1 ! = 0XFE) ;
  P1 = 0XFD;
  switch( P1)                              //扫第 2 行
  {
    case 0XED:key = 4;break;
    case 0XdD:key = 5;break;
    case 0XbD:key = 6;break;
    case 0X7D:key = 11;break;
  }while( P1 ! = 0XFD) ;
  P1 = 0XFB;
  switch( P1)                              //扫第 3 行
  {
    case 0XEB:key = 7;break;
    case 0XdB:key = 8;break;
    case 0XbB:key = 9;break;
    case 0X7B:key = 12;break;
  }while( P1 ! = 0XFB) ;
  P1 = 0XF7;
  switch( P1)                              //扫第 4 行
  {
    case 0XE7:key = 0;break;
    case 0Xd7:key = 13;break;
    case 0Xb7:key = 14;break;
    case 0X77:key = 15;break;
  }while( P1 ! = 0XF7) ;
  return( key) ;
}
void TMI()
```

```
{
    if(keyscan() = =1)                              //正转180度
    {
        key=25;
        delay(10);
        count=0;
        jd=5;
    }
    if(keyscan() = =2)                              //反转180度
    {
        key=25;
        delay(10);
        count=0;
        jd=1;
    }
}
void main()
{
    Time0_Init();                                   //开启定时器
    while(1)
    {
        TMI();
    }
}
/**************************************************************************/
```

小结

(1)电位器是一种常用的机电元件,广泛应用于各种电器和电子设备中。它是一种把机械的线位移或角位移输入量转换为与它成一定函数关系的电阻或电压输出的传感元件。

(2)电位器式位移传感器常用于测量几毫米到几十米的位移和几度到360°的角度;电位器式压力传感器利用弹性元件(如弹簧管、膜片或膜盒)把被测的压力变换为弹性元件的位移,并使此位移变为电刷触点的移动,从而引起输出电压或电流的相应变化;电位器式加速度传感器的惯性质量块在被测加速度的作用下,使片状弹簧产生正比于被测加速度的位移,从而引起电刷在电位器的电阻元件上滑动,输出一个与加速度成比例的电压信号。

(3)频率在20 Hz~20 kHz之间,能为人耳所闻的机械波,称为声波;低于20 Hz的机械波,称为次声波;高于20 kHz的机械波,称为超声波。

(4)超声波探头是实现声、电转换的装置,又称超声换能器或传感器。这种装置能发射超声波和接收超声回波,并转换成相应的电信号。超声波探头按其作用原理可分为压电式、磁致伸缩式和电磁式等数种,其中以压电式为最常用。

(5)超声波检测厚度的方法有共振法、干涉法和脉冲回波法等。超声波被广泛用于油位和水位等的液位测量,还能对流量进行测量。

(6)光栅是由很多等节距的透光缝隙、不透光或者反射光和不反射光的刻线均匀相间排列成的光学器件。利用光栅制成的光栅传感器可以实现精确的位移测量,常用于高精度机床和仪器的精密定位或长度、速度、加速度及振动等方面的测量。

(7)光栅传感器主要由光源、光栅副和光敏元件三大部分组成,其中光栅副由标尺光栅(也称主光栅)和指示光栅组成,测量时主光栅不动,指示光栅安装在运动部件上,随运动部件在与主光栅栅线垂直的方向上移动,两者之间形成相对运动。

(8)莫尔条纹的间距是放大的光栅栅距,它随着光栅刻线夹角的变化而改变。

(9)光栅尺位移传感器(简称光栅尺)是利用光栅的光学原理工作的测量反馈装置。

(10)磁敏电阻角度传感器是采用高性能集成磁敏感元件,利用磁信号感应非接触的特点,配合微处理器进行智能化信号处理制成的新一代角度传感器。

(11)电容式角位移传感器用于测量固定部件(定子)与转动部件(转子)之间的旋转角度,因其具有结构简单、测量精度高、灵敏度高、适合动态测量等特点,而被广泛应用于工业自动控制。

(12)方位角传感器是在平面上量度物体之间的角度差的方法之一。

(13)倾角传感器经常用于系统的水平测量,还可以用来测量相对于水平面的倾角变化量,从工作原理上可分为“固体摆”“液体摆”“气体摆”三种倾角传感器。

单元5

速度检测

速度是机械行业常见的测量参数之一,用来表示电动机的转速、线速度或频率。速度测量主要分为两种,即线速度和角速度(转速)。目前,线速度的测量主要采用时间、位移计算法;转速测量的方法有多种,主要分为计数式、模拟式、同步式三大类,应用比较多的是计数式,计数式又可分为机械式、光电式和电磁式。随着计算机的广泛应用,自动化、信息化技术的要求,电子式转速测量已占主流,成为多数场合转速测量的首选。本单元主要介绍电子式转速测量的实现方法。

学习目标

- 了解常见光电器件结构和特点;
- 理解光电效应,掌握光电传感器的工作原理;
- 了解光电传感器的应用;
- 理解霍尔效应,掌握霍尔传感器的工作原理;
- 了解霍尔元件主要参数和测量补偿电路;
- 了解霍尔传感器的应用;
- 了解磁电传感器结构和特性,掌握磁电传感器的工作原理;
- 了解磁电传感器的应用;
- 会搭建调试红外光电传感器控制电路;
- 会搭建调试霍尔传感器控制电路;
- 会搭建调试直流电动机控制电路。

5.1 光电传感器

5.1.1 认识光电传感器

用光照射某一物体,可以看到物体受到一连串能量为 E 的光子的轰击,组成这种物体的材料吸收光子能量而发生相应电效应的物理现象称为光电效应。通常把光线照射到物体表面后产生的光电效应分为三类。

外光电效应:在光线作用下,能使电子逸出物体表面的现象称为外光电效应。基于该效应的光电器件有光电管、光电倍增管、光电摄像管等,属于玻璃真空管光电器件。

内光电效应:在光线作用下能使物体电阻率改变的现象称为内光电效应。基于该效应的光电器件有光敏电阻、光电二极管、光敏三极管等,属于半导体光电器件。

光生伏特效应:在光线作用下能使物体产生一定方向电动势的现象称为光生伏特效应,也称阻挡层光电效应。基于该效应的光电器件有光电池等,属于半导体光电器件。

1. 光电器件

(1)光电管

光电管的外形结构如图 5-1 所示,它由一个阴极和一个阳极构成,并密封在一支真空璃管内。阳极通常用金属丝弯曲成矩形或圆形,置于玻璃管中央;阴极装在玻璃管内壁上并涂有光电发射材料。光电管的特性主要取决于光电管阴极材料。光电管的结构图及原理图如图 5-2 所示。

图 5-1　光电管的外形结构

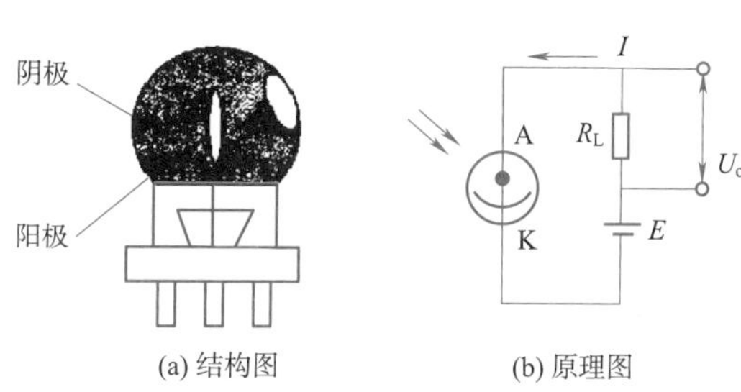

图 5-2　光电管的结构图及原理图

当光照射在阴极上时,阴极发射出光电子,被具有一定电位的中央阳极所吸引,在光电管内形成空间电子流。在外电场作用下形成电流 I,称为光电流。光电流的大小与光电子数成正比,而光电子数又与光照度成正比。

①伏安特性。在一定的光照下,对光电管阴极所加的电压与阳极所产生的电流之间的关系称为光电管的伏安特性。真空光电管和充气光电管的伏安特性分别如图 5-3(a)、(b)所示,它们是光电传感器的主要参数依据。显然,充气光电管的灵敏度更高。

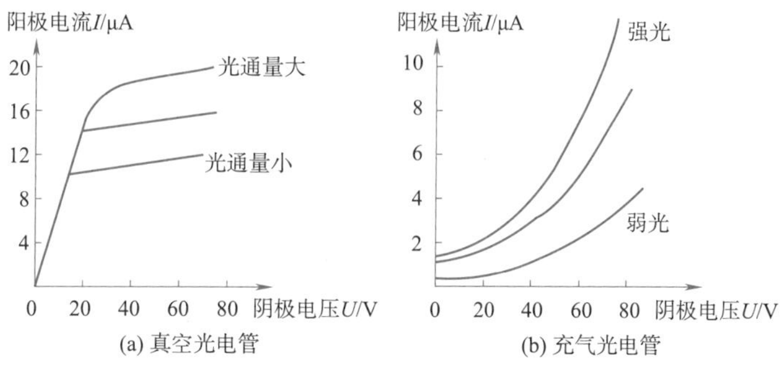

图 5-3　光电管的伏安特性

②光照特性。当光电管的阴极与阳极之间所加电压一定时，光通量与光电流之间的关系称为光照特性，如图 5-4所示。其中，曲线 1 是氧铯阴极光电管的光照特性，光电流 I 与光通量成线性关系；曲线 2 是锑铯阴极光电管的光照特性，成非线性关系。

③光谱特性。光电管的光谱特性通常指阳极与阴极之间所加电压不变时，入射光的波长(或频率)与其相对灵敏度之间的关系。它主要取决于阴极材料。阴极材料不同的光电管适用于不同的光谱范围。另外，同一光电管对于不同频率(即使光强度相同)的入射光，其灵敏度也不同。

(2)光敏电阻

光敏电阻是由具有内光电效应的光导材料制成的，为纯电阻器件，如图 5-5 所示。光敏电阻具有很高的灵敏度，光谱响应的范围宽、体积小、质量小、性能稳定、机械强度高、寿命长、价格低，被广泛应用于自动检测系统中。

光敏电阻的材料一般由金属硫化物、硒化物、碲化物等半导体组成，由于所用材料和工艺不同，它们的光电性能也相差很大。

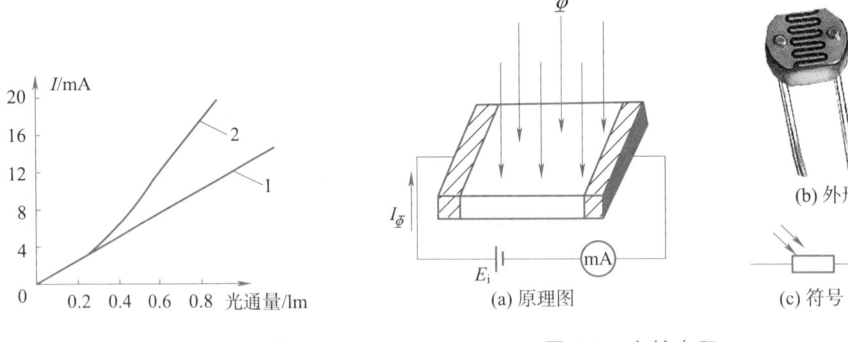

图 5-4　光电管的光照特性

1—氧铯阴极光电管的光照特性；

2—锑铯阴极光电管的光照特性

图 5-5　光敏电阻

光敏电阻在室温或全暗条件下测得的阻值称为暗电阻(暗阻)，通常超过 1 MΩ，此时流过光敏电阻的电流称为暗电流。光敏电阻在受光照射时的阻值称为亮电阻(亮阻)，一般为几千欧以下，此时流过光敏电阻的电流称为亮电流。亮电流与暗电流之差称为光电流。光电流越大，光敏电阻的灵敏度越高。但光敏电阻容易受温度的影响，温度升高，暗电阻减小，暗电流增加，灵敏度就要下降。

光敏电阻质量的好坏，可以通过测量其亮电阻与暗电阻的阻值来衡量。方法是将万用表置于 $R\times1$ k 挡，把光敏电阻放在距离 25 W 白炽灯 50 cm 远处(其照度约为 100 lx)，可得光敏电阻的亮阻值；再在完全黑暗的条件下直接测量其暗阻值。如果亮阻值为几千到几十千欧，暗阻值为几兆到几十兆欧，则说明光敏电阻质量好。

(3)光敏器件

①光电二极管。光电二极管是基于内光电效应的原理制成的光敏元件。光电二极管的结构与一般二极管类似，可以直接受光照射，如图 5-6 所示。光电二极管在电路中一般是处于反向工作状态，其符号与接线方法如图 5-7 所示。光电二极管在没有光照射时反向电阻很大，暗电流很小；当有光照

射时，在内电场作用下定向运动形成光电流，且随着光照度的增强，光电流越大。所以，光电二极管在不受光照射时处于截止状态，受光照射时处于导通状态。它主要用于光控开关电路和光耦合器中。

图5-6 常见的光电二极管

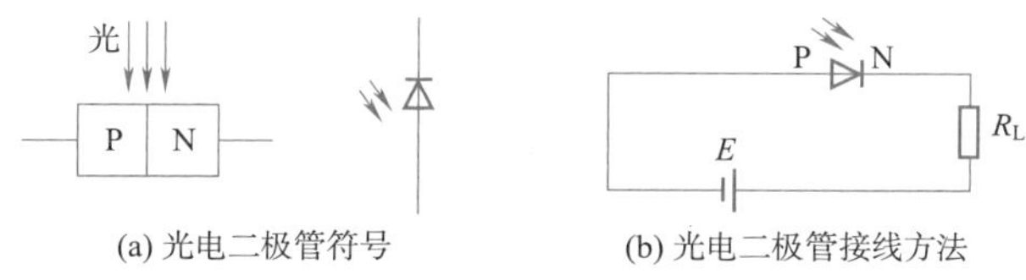

(a) 光电二极管符号　　(b) 光电二极管接线方法

图5-7 光电二极管

当有光照射在光电二极管上时，光电二极管与普通二极管一样，有较小的正向电阻和较大的反向电阻；当无光照射时，光电二极管正向电阻和反向电阻都很大。用欧姆表检测光电二极管时，先让光照射在光电二极管管芯上，测出其正向电阻，其阻值与光照强度有关，光照越强，正向阻值越小；然后用一块遮光黑布挡住照射在光电二极管上的光线，测量其阻值，这时正向电阻应立即变得很大。有光照和无光照下所测得的两个正向电阻值相差越大越好。

目前还研发出了 PIN 光电二极管(见图5-8)和 APD 光电二极管(见图5-9)。

图5-8 PIN 光电二极管

图5-9 APD 光电二极管

PIN 光电二极管的工作电压高达 100 V 左右，比普通的光电二极管光电转换效率高、灵敏度高、响应频率高，可用作光盘的读出光敏元件。特殊结构的 PIN 光电二极管还可以用于测量紫外线及短距离光纤通信用。

APD 光电二极管又称雪崩光电二极管，具有内部倍增放大作用，工作电压高达上百伏，工作频率达几千兆赫，非常适用于微光信号检测和长距离光纤通信等。

②光敏三极管

光敏三极管也是基于内光电效应制成的光敏元件。光敏三极管结构与一般三极管不同，通常只有两个 PN 结，但只有正负（C、E）两个引脚。

光线通过透明窗口落在基区及集电结上，在内电场作用下做定向运动，形成光电流，因此 PN 结的反向电流大大增加。由于光照射发射结产生的光电流相当于三极管的基极电流，集电极电流是光电流的几倍，因此光敏三极管比光电二极管的灵敏度高得多。但光敏三极管的频率特性比二极管差，暗电流也大。

光敏三极管在不同照度 E_e 下的伏安特性与一般三极管在不同的基极电流时的输出特性一样，只要将入射光在发射极与基极之间的 PN 结附近所产生的光电流看作基极电流，就可将光敏三极管看作一般的三极管。

光敏三极管的检测方法：用一块黑布遮住照射光敏三极管的光，选用万用表的 $R \times 1\text{k}$ 挡，测量其两引脚引线间的正、反向电阻，若均为无限大时则为光敏三极管；拿走黑布，万用表指针向右偏转到 15 ~ 30 kΩ 处。偏转角越大，说明其灵敏度越高。

（4）光电池

光电池能将入射光能量转换成电压和电流，它属于光生伏特效应元件，是自发电式有源器件。它既可以作为输出电能的器件，也可以作为一种自发电式的光电传感器，用于检测光的强弱及能引起光强变化的其他非电量。光电池的种类很多，其中应用最多的是硅光电池、硒光电池、砷化钾光电池和锗光电池等，光电池具有性能稳定、频率特性好、光谱范围宽和耐高温辐射等优点。如果光照是连续的，经短暂的时间，PN 结两侧就有一个稳定的光生电动势输出。

2. 光电传感器

光电传感器是将光量的变化转变为电量变化的一种变换器，属于非接触式测量，其理论基础是光电效应，目前广泛应用于生产的各个领域。依据被测物、光源、光电元件三者之间的关系，可以将光电传感器分为下述四种类型：

（1）光源本身是被测物，被测物发出的光投射到光电元件上，光电元件的输出反映了光源的某些物理参数，如图 5-10（a）所示。如光电高温比色温度计、光照度计、照相机曝光量控制等。

（2）恒光源发射的光通量穿过被测物，一部分由被测物吸收，剩余部分投射到光电元件上，吸收量决定于被测物的某些参数，如图 5-10（b）所示。如透明度计、浊度计等。

（3）恒光源发出的光通量投射到被测物上，然后从被测物表面反射到光电元件上，光电元件的输出反映了被测物的某些参数，如图 5-10（c）所示。如用反射式光电法测转速、测量工件表面粗糙度、纸张的白度等。

（4）恒光源发出的光通量在到达光电元件的途中遇到被测物，照射到光电元件上的光通量被遮蔽掉一部分，光电元件的输出反映了被测物的尺寸，如图 5-10（d）所示。如振动测量、工件尺寸测量等。

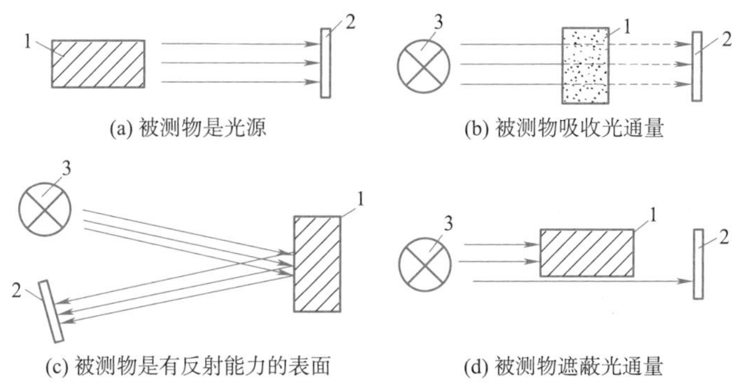

图 5-10　光电传感器的几种形式

1—被测物;2—光电元件;3—恒光源

5.1.2　光电传感器的应用

1. 光电数字式转速表

光电数字式转速表的工作原理图如图 5-11 所示。图 5-11(a)是在待测转速轴上固定一带孔的转速调置盘,在调置盘一边由白炽灯产生恒定光,透过盘上小孔到达光电二极管组成的光电转换器上,转换成相应的电脉冲信号,经过放大整形电路输出整齐的脉冲信号,转速由该脉冲频率决定。

图 5-11(b)是在待测转速的轴上固定一个涂上黑白相间条纹的圆盘,条纹具有不同的反射率。当转轴转动时,反光与不反光交替出现,光电敏感器件间断地接收光的反射信号,转换为电脉冲信号。

2. 光电液位检测

光电液位检测如图 5-12 所示。在液体未升到发光二极管及光电三极管平面时,红外发光二极管发出的红外线不会被光电三极管接收;当液位上升到发光二极管及光电三极管平面时,由于液体的折射,光电三极管接收到红外信号由此获得液位信号。

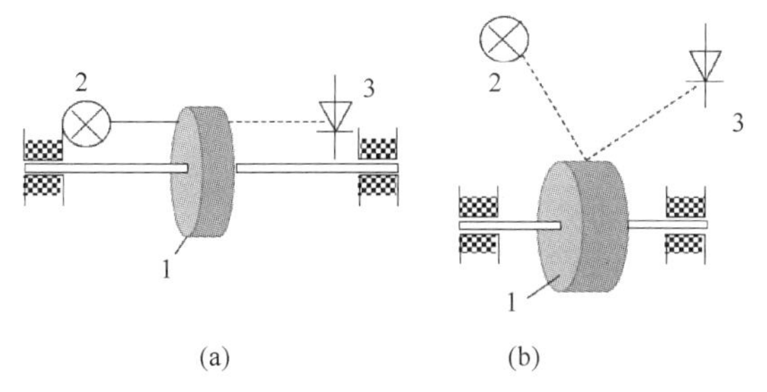

图 5-11　光电数字式转速表的工作原理图

1—被测物;2—光电元件;3—恒光源

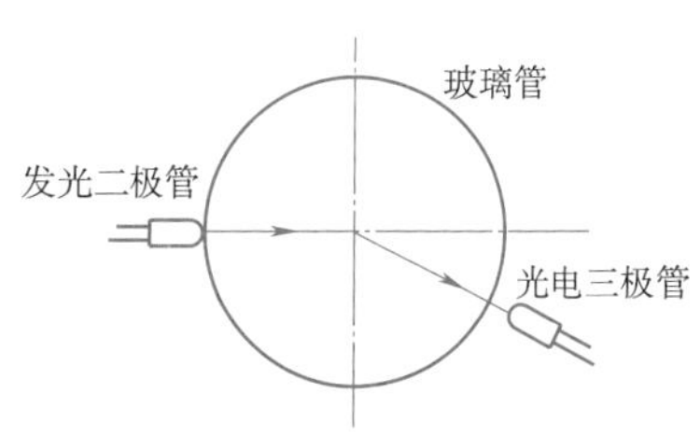

图 5-12　光电液位检测

3. 烟尘浊度监测仪

防止工业烟尘污染是环保的重要任务之一。为了消除工业烟尘污染,首先要知道烟尘排放量,因此必须对烟尘源进行监测、自动显示和超标报警。烟道里的烟尘浊度是用通过光在烟道里传输过程中的变化大小来检测的。吸收式烟尘浊度检测系统原理图如图 5-13 所示。如果烟道浊度增加,光源发出的光被烟尘颗粒的吸收和折射增加,到达光检测器的光减少,因而光检测器输出信号的强弱可反映烟道浊度的变化。

4. 感烟传感器

感烟传感器(火灾报警器的一部分)的工作原理如图5-14所示。感烟传感器由红外发光二极管及光电三极管组成,但二者不在同一平面上(有一定角度)。在无烟状态时,光电三极管接收不到红外线;当发生火灾时,产生大量烟雾,烟雾粒子进入感烟传感器时,由于红外线受烟雾粒于折射作用,光电三极管接收到红外线,给出烟雾报警信号。

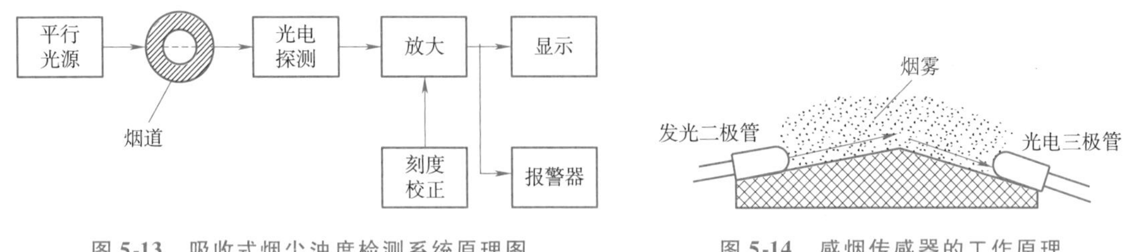

图5-13　吸收式烟尘浊度检测系统原理图

图5-14　感烟传感器的工作原理

实训操作　红外光电传感器实训

一、实训目的

了解红外光电传感器的工作原理及用途。

二、实训设备

(1)MCS-51核心板;

(2)红外光电传感器模块;

(3)8位LED电路;

(4)蜂鸣器电路;

(5)ISP下载器;

(6)电子连线若干。

三、实训原理

10NK漫反射光电开关是一种集发射与接收于一体的光电传感器,检测距离不可调。该传感器具有受可见光干扰小、价格便宜、易于装配、使用方便等特点,可以广泛应用于机器人避障、流水线计件等众多场合。10NK漫反射光电传感器的工作原理图如图5-15所示。

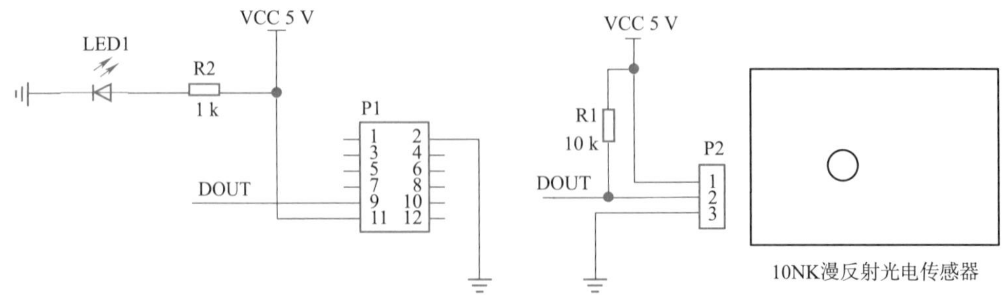

图5-15　光电传感器电路图

四、实训步骤

(1)将 220 V 交流电接入箱体左侧接口。

(2)将 ISP 下载器的 IDC10 插头插到 MCS51 核心电路的 ISP 下载接口上,连接下载器到计算机上。

(3)运行 Progisp Ver1.72 软件,调入 .Hex 文件,并下载到单片机中。实验接线如图 5-16 所示。

(4)确认连线无误后将所使用到的各个电路电源拨动开关拨至 ON 挡接通电源。

(5)按下 MCU 模块复位键(RST)。

(6)观察实验现象,在实验结束后进行总结记录。

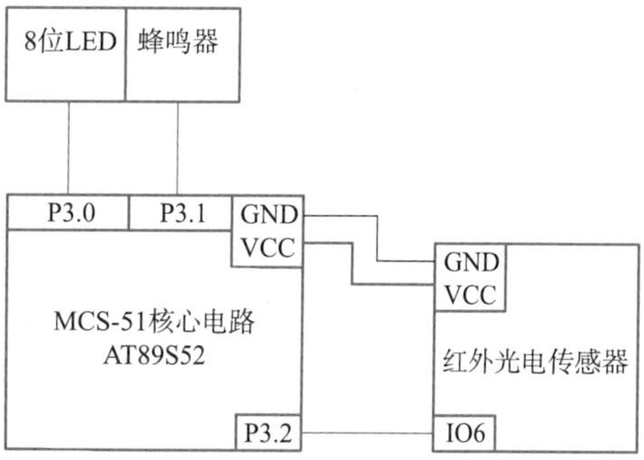

图 5-16　实验连接图

五、参考例程

```
/*************************************************************************/
#include <AT89x51.H>                                //51 单片机头文件
/*************用户定义引脚*******************************************************/
sbit action1 = P3^0;                                //动作脚 - LED
sbit action2 = P3^1;                                //动作脚 - 蜂鸣器
unsigned char FLAG = 0,aa = 0;
/*************************************************************************/
void main(void)
{
    //-------------------------------------------------------------/
    TMOD = 0x01;
    TH0 = 0x0F;
    TL0 = 0x0F;
    ET0 = 1;
    TR0 = 0;
    //-------------------------------------------------------------
    EX0 = 1;                                        //开启外部中断 0
    IT0 = 1;                                        //开启中断 0
    EA = 1;                                         //开启总中断
    while(1)
    {
        if(FLAG = =1)
        TR0 = 1;                                    //判断是否开启定时器
    }
}
//------------------------------------------------------
void Interrupt_handler_time0(void) interrupt 1
{
    aa + +;
    TH0 = 0x0F;
    TL0 = 0x0F;
    if(aa = =10)
    {
```

```
            action1 = ~action1;                      //LED 闪烁
            action2 = ~action2;                      //蜂鸣器间断响
            aa =0;
        }
    }
    //---------------------------------------------------
    void int0(void)interrupt 0                       //using 0
    {
        FLAG =1;                                     //标志位附 1
    }
/*******************************************************************/
```

5.2 霍尔传感器

5.2.1 认识霍尔传感器

1. 霍尔元件工作原理

金属或半导体薄片置于磁感应强度为 B 的磁场中，磁场方向垂直于薄片，当有电流 I 流过薄片时，在垂直于电流和磁场的方向上将产生电动势场，这种现象称为霍尔效应，该电动势称为霍尔电动势，半导体薄片称为霍尔元件。用霍尔元件做成的传感器称为霍尔传感器，它可以直接测量磁场及微位移量，也可以间接测量液位、压力等工业生产过程参数。

图 5-17 所示为一个 N 型半导体薄片。长、宽、厚分别为 L、l、d，在垂直于该半导体薄片平面的方向上，施加磁感应强度为 B 的磁场。在其长度方向的两个面上做两个金属电极，称为控制电极，并外加一电压 U_l 则在长度方向就有电流 I 流动。磁场中自由电子与电流的运动方向相反，将受到洛伦兹力的作用，受力的方向可由左手定则判定。在洛仑兹力作用下，电子向一侧偏转，使该侧形成负电荷的积累，另一侧则形成正电荷的积累。所以，在半导体薄片的宽度方向形成了电场。该电场对自由电子产生电场力，该电场力对电子的作用力与洛仑兹力的方向相反，即阻止自由电子的继续偏转。当电场力与洛仑兹力相等时，自由电子的积累便达到了动态平衡。把这时在半导体薄片的宽度方向所建立的电场称为霍尔电场，在此方向两个端面之间形成的稳定电势称为霍尔电动势 U_H。

由实验可知，流入激励电流端的电流 I 越大、作用在薄片上的磁感应强度 B 越强，霍尔电动势也就越高。霍尔电动势 U_H 可表示为

$$U_H = K_H IB \tag{5-1}$$

式中，K_H 为霍尔元件的灵敏度。

由式(5-1)可知，霍尔电动势与 K_H、I、B 有关。当 I、B 大小一定时，K_H 越大，U_H 越大。显然，一般希望 K_H 越大越好。

若磁感应强度 B 不垂直于霍尔元件，而是与其法线成某一角度 θ 时，此时的霍尔电动势为

$$U_H = K_H IB\cos\theta \tag{5-2}$$

由式(5-2)可知，霍尔电动势与输入电流 I、磁感应强度 B 成正比，且当 B 的方向改变时，霍尔电动势的方向也随之改变。如果所施加的磁场为交变磁场，则霍尔电动势为同频率的交变电动势。

由于灵敏度 K_H 与半导体的电子浓度和霍尔元件厚度成反比，一般都是选择半导体材料做霍尔元件，且厚度选择得越小，K_H 越高。但霍尔元件的机械强度有所下降，且输入、输出电阻增加，因此，霍尔元件不能做得太薄。霍尔元件的壳体可用塑料、环氧树脂等制造，封装后的外形如图 5-18 所示。霍尔元件为一四端子器件。

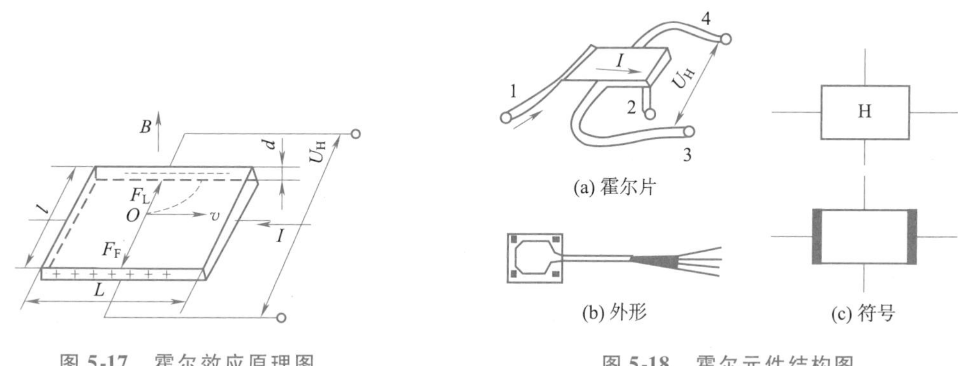

图 5-17 霍尔效应原理图

图 5-18 霍尔元件结构图

1、2—控制电流引线端；3、4—霍尔电动势输出端

目前常用的霍尔元件材料是 N 型硅，它的灵敏度、温度特性、线性度均较好。近年来，采用新工艺制作的性能好、尺寸小的薄膜型霍尔元件在灵敏度、稳定性以及对称性等方面大大超过了老工艺制作的元件，应用越来越广泛。

2. 霍尔元件的主要特性参数

(1) 输入电阻 R_I 和输出电阻 R_O

霍尔元件两激励电流端的直流电阻称为输入电阻 R，两个霍尔电动势输出端之间的电阻称为输出电阻 R_o。

(2) 额定激励电流 I

霍尔元件在空气中产生 10 ℃的温升时所施加的激励电流值称为额定激励电流 I。

(3) 最大激励电流 I_M

由于霍尔电动势随激励电流增加而增大，故在应用中总希望选用较大的激励电流。但激励电流增大，霍尔元件的功耗增大，元件的温度升高，从而引起霍尔电动势的温漂增大，因此每种型号的元件均规定了相应的最大激励电流，它的数值从几毫安到几十毫安。

(4) 灵敏度 K_H

K_H 反映了霍尔元件本身所具有的磁电转换能力，单位为 mV/(mA · T)。

(5) 不等位电势 U_M

在额定激励电流下，当外加磁场为零时，霍尔元件输出端之间的开路电压为不等位电势。一般要求霍尔元件的 $U_M < 1$ mV，优质的霍尔元件的 U_M 可以小于 0.1 mV。在实际应用中多采用电桥法来补偿不等位电势引起的误差。

(6) 霍尔电动势温度系数 α

在一定磁感应强度和激励电流的作用下，温度每变化 10 ℃时霍尔电动势变化的百分数称为霍尔电动势温度系数 α，它与霍尔元件的材料有关，一般为 0.1% /℃左右，在要求较高的场合，应选择低温漂的霍尔元件。

3. 霍尔元件的测量电路及补偿

(1)基本测量电路

霍尔元件的基本测量电路如图5-19所示。在图5-19所示电路中,激励电流由电源E供给,调节可变电阻可以改变激励电流I,R_L为输出的霍尔电动势的负载电阻,它一般是显示仪表、记录装置、放大器电路的输入电阻。由于霍尔电动势建立所需要的时间极短,为$10^{-14} \sim 10^{-12}$ s,因此其频率响应范围较宽,可达10^9 Hz以上。

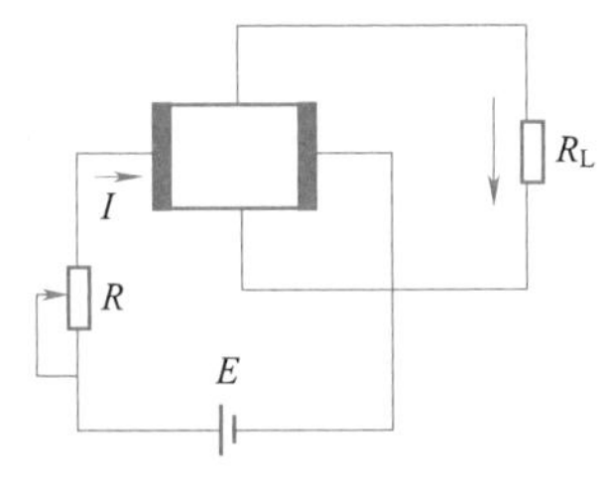

图5-19 霍尔元件的基本测量电路

霍尔元件属于半导体材料元件,它必然对温度比较敏感。温度的变化对霍尔元件的输入、输出电阻以及霍尔电动势都有明显的影响,因此实际应用中必须进行温度补偿。

(2)温度补偿的方法

霍尔元件的温度补偿通常采用以下几种方法。

①恒流源补偿法。温度的变化会引起内阻的变化,而内阻的变化又使激励电流发生变化以致影响到霍尔电动势的输出,采用恒流源可以补偿这种影响。

②选择合理的负载电阻进行补偿。在图5-19所示的电路中,当温度为T时,负载电阻R_L上的电压为

$$U_L = U_H \frac{R_L}{R_L + R_0} \tag{5-3}$$

式中,R_0为霍尔元件的输出电阻。

当温度变化时,由于受霍尔电动势的温度系数α、霍尔元件输出电阻的温度系数β的影响,霍尔元件的输出电阻R_0以及霍尔电动势U_H均受到影响,使得负载电阻R_L上的电压R_L产生变化。要U_L使不受温度变化的影响,通过推导可知,R_L、α、β必须满足下式:

$$R_L = R_0 \frac{\beta - \alpha}{\alpha} \tag{5-4}$$

对一个确定的霍尔元件,可查表得到α、β和R_0值,通过式(5-4)求得R_L值,只要合理选择R_L使温度变化时R_L上的电压U_L维持不变,就在输出回路实现了对温度误差的补偿。

③利用霍尔元件输入回路的串联电阻或并联电阻进行补偿的方法。霍尔元件在输入回路中采用恒压源供电工作,并使霍尔电动势输出端处于开路工作状态。此时可以利用在输入回路串入电阻的方式进行温度补偿,如图5-20所示。

经分析可知,当串联电阻取$R = \frac{\beta - \alpha}{\alpha} R_{io}$时,可以补偿因温度变化而带来的霍尔电动势的变化,其中R_{io}为霍尔元件在0 ℃时的输入电阻。

霍尔元件在输入回路中采用恒流源供电工作,并使霍尔电动势输出端处于开路工作状态,此时可以利用在输入回路并入电阻的方式进行温度补偿,如图5-21所示。

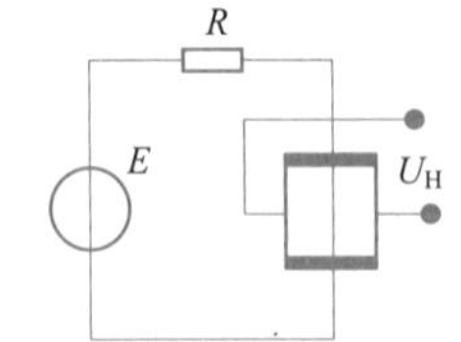

图5-20 串联输入电阻补偿原理

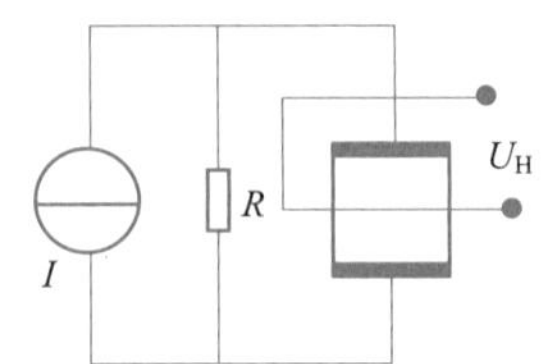

图5-21 并联输入电阻补偿原理

经分析可知，当并联电阻 $R=\frac{\beta-\alpha}{\alpha}R_{io}$ 时，可以补偿因温度变化而带来的霍尔电动势变化。

④热敏电阻补偿法。采用热敏电阻对霍尔元件的温度特性进行补偿，如图 5-22 所示。

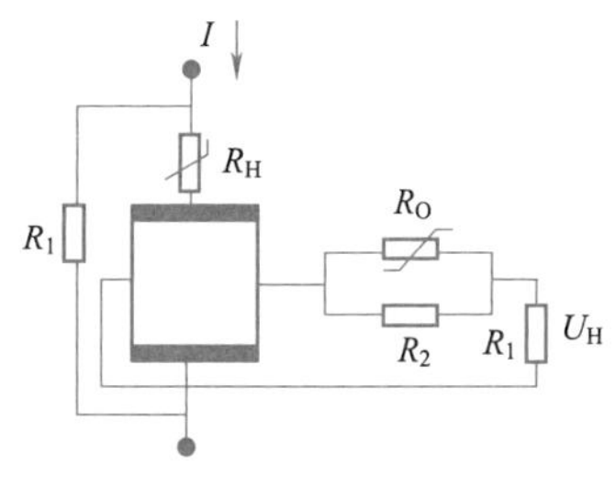

图 5-22　热敏电阻温度补偿电路

当输出的霍尔电动势随温度增加而减小时，R_{ti} 应采用负温度系数的热敏电阻，它随温度的升高而阻值减小，从而增加了激励电流，使输出的霍尔电动势增加，从而起到补偿作用。在使用热敏电阻进行温度补偿时，要求热敏电阻和霍尔元件封装在一起，或者使两者之间的位置靠得很近，这样才能使补偿效果显著。

5.2.2　霍尔传感器的应用

1. 角位移测量仪

角位移测量仪结构示意图如图 5-23 所示。霍尔元件与被测物连动，而霍尔元件又在一个恒定的磁场中转动，于是霍尔电动势 U_H 就反映了转角 θ 的变化。

2. 霍尔转速表

霍尔转速表如图 5-24 所示。在被测转速的转轴上安装一个齿盘，也可选取机械系统中的一个齿轮，将线性霍尔元件及磁路系统靠近齿盘，随着齿盘的转动，磁路的磁阻也发生周期性的变化。测量霍尔元件输出的脉动频率，该脉动频率经隔直、放大、整形后，就可以确定被测物的转速。

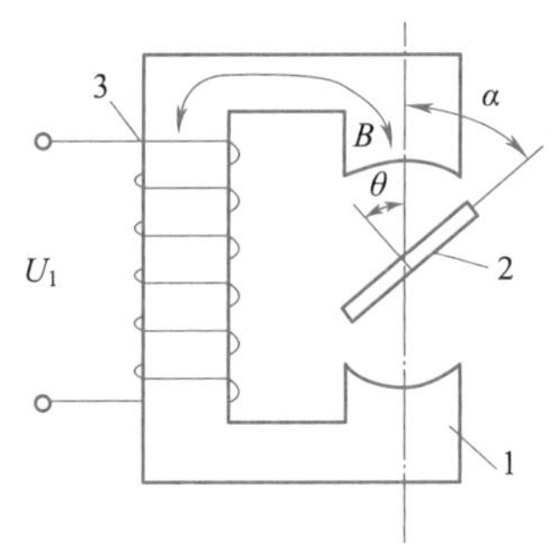

图 5-23　角位移测量仪结构示意图

1—极靴；2—霍尔元件；3—励磁线圈

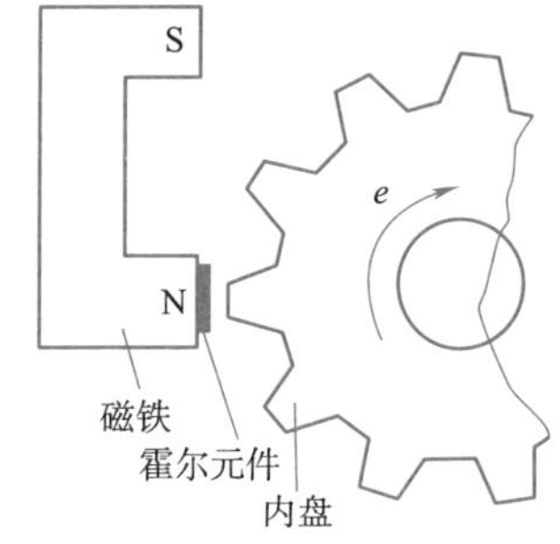

图 5-24　霍尔转速表示意图

霍尔传感器的其他用途还有霍尔电压传感器、霍尔电流传感器、霍尔电能表、霍尔高斯计、霍尔液位计、霍尔加速度计等。

3. 在汽车发动机点火系统中的应用

霍尔器件在汽车发动机点火系统中，是用霍尔开关电路构成霍尔翼片传感器，霍尔翼片传感器由软磁齿状翼片和传感器体两部分组成，它放在分电器中，取代机械断电器，作点火脉冲触发器。在汽车分电器中，将翼片连接在凸轮轴上，传感器固定于分电器底板上。工作中，当翼片齿移入气隙时给出一高电平，移出气隙时给出一低电平，形成矩形波，利用下降沿（或上升沿）触发点火电路进行点火。这种用霍尔翼片传感器取代机械触点断电器的电子断电器工作，无惯性、无触点、无摩擦、无须保养、寿命长、可靠性高、点火准时性不受其他因素影响、准时误差最小，和晶体管开关电路一起工作时，可使点火线圈二次侧得到较高的点火电压和能量，且低速、高速点火性能均好。

实训操作　霍尔传感器实训

一、实训目的

了解霍尔传感器的工作原理及用途。

二、实训设备

(1)MCS-51 核心板;

(2)霍尔传感器模块;

(3)蜂鸣器;

(4)数码管;

(5)ISP 下载器;

(6)电子连线若干。

三、实训原理

HAL248 霍尔传感器可用于电动机测速/位置检测等场合。霍尔传感器的检测控制原理如图 5-25 所示。

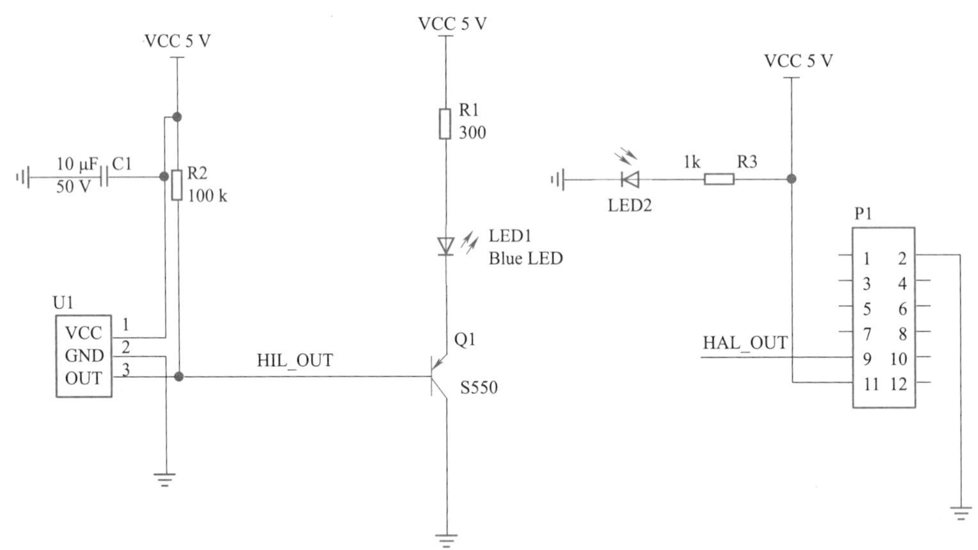

图 5-25　霍尔传感器的电路原理图

四、实训步骤

(1)将 220 V 交流电接入箱体左侧接口。

(2)将 ISP 下载器的 IDC10 插头插到 MCS-51 核心电路的 ISP 下载接口上,连接下载器到计算机上。

(3)运行 Progisp Ver1.72 软件,调入 .Hex 文件,并下载到单片机中。实验接线如图 5-26 所示。

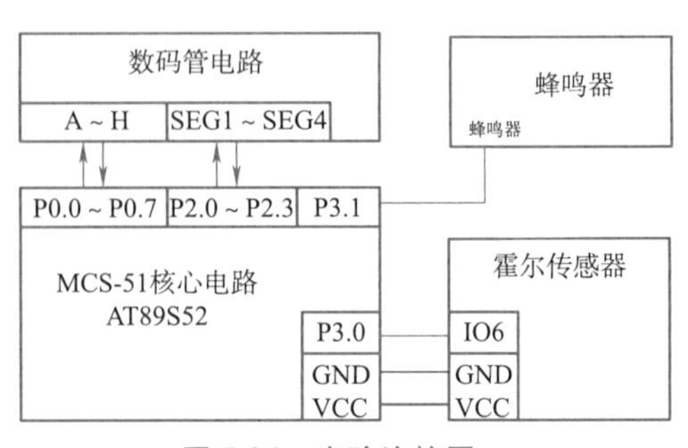

图 5-26　实验连接图

(4)确认连线无误后将所使用到的各个电路电源拨动

开关拨至 ON 挡接通电源。

(5)按下 MCU 模块复位键(RST)。

(6)观察实验现象,在实验结束后进行总结记录。

五、参考例程

```
/*********************************************************************/
#include < reg52.h >
#include < intrins.h >
#define uchar unsigned char
#define uint unsigned int uint
Count = 0;
sbit INT = P3^0;                                    //输入脚
sbit FMQ = P3^1;                                    //蜂鸣器
unsigned char code table[] = {0xc0,0xf9,0xa4,0xb0,0x99,0x92,0x82,0xf8,0x80,0x90};//位码
unsigned char code table1[] = {0xFE,0xFD,0xFB,0xF7};  //段码
void Delayus(unsigned int time)                     //延时时间为 1us* x,晶振是 11.0592M
{
    unsigned int _y;
    for(_y = 0;_y < time;_y + +)
       _nop_
       ();
}
void display()
{
    P2 = table1[1];
    P0 = table[Count/100];                          //百位
    Delayus(10);
    P0 = 0xff;
    Delayus(10);
    P2 = table1[2];
    P0 = table[Count% 100/10];                      //十位
    Delayus(10);P0 = 0xff;P2 = table1[3];
    P0 = table[Count% 10];                          //个位
    Delayus(10);P0 = 0xff;Delayus(10);
}

void FMQ_INT()                                      //蜂鸣器提示音
{
    FMQ = 0;
    Delayus(1000);
   FMQ = 1;
}
                                                    //主程序
void main()
{
    while(1)
    {
```

```
        if(INT = =0)                                    //判断是否有触发信号
        {
            Delayus(1000);                              //消抖
            if(INT = =0)
            {
                FMQ_INT();
                Count + +;

            }
            while(INT! =1)
            {
                display();                              //按键弹起
            }
        }
        display();
    }
}
/***************************************************************************/
```

5.3 磁电传感器

5.3.1 认识磁电式传感器

磁电式传感器是利用电磁感应原理,将输入运动速度变换成感应电势输出的传感器。它不需要辅助电源,就能把被测对象的机械能转换成易于测量的电信号,是一种无源传感器。一般分为磁电感应式和霍尔式两种。其中霍尔式前面已经进行了介绍,下面主要介绍磁电感应式。

1. 结构

磁电式传感器有时也称作电动式或感应式传感器,它只适合进行动态测量。由于它有较大的输出功率,故配用电路较简单,零位及性能稳定;利用其逆转换效应可构成力(矩)发生器和电磁激振器等。根据电磁感应定律,当 N 匝线圈在均恒磁场内运动时,设穿过线圈的磁通为 ϕ,则线圈内的感应电势 e 与磁通变化率 $\mathrm{d}\phi/\mathrm{d}t$ 有如下关系:

$$e = -N\frac{\mathrm{d}\phi}{\mathrm{d}t} = -NBlv \tag{5-5}$$

根据这一原理,可以设计成变磁通式和恒磁通式两种结构型式,构成测量线速度或角速度的磁电式传感器。图 5-28 所示为分别用于旋转角速度及振动速度测量的变磁通式磁电传感器。变磁通式结构又分为变磁通(旋转型)和变气隙(平移型或恒磁通)两类。

(1)变磁通式,包括开磁路变磁通式和闭磁路变磁通式两种,如图 5-27 所示。

①开磁路变磁通式:线圈、磁铁静止不动,测量齿轮安装在被测旋转体上,随之一起转动。每转动一个齿,齿的凹凸引起磁路磁阻变化一次,磁通也就变化一次,线圈中产生感应电势,其变化频率等于被测转速与测量齿轮齿数的乘积。这种传感器结构简单,但输出信号较小,且因高速轴上加装齿轮较危险而不宜测量高转速。

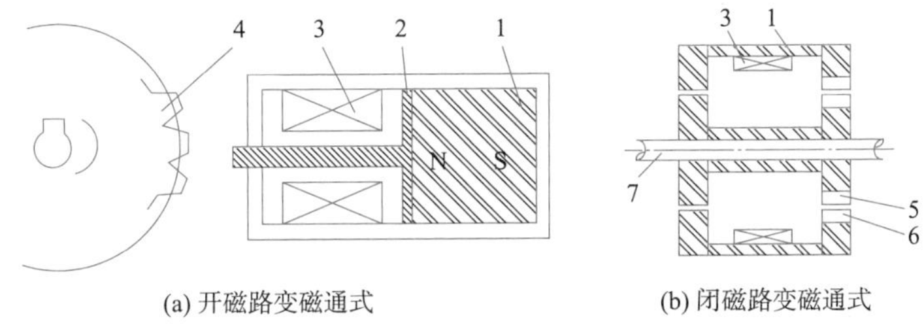

(a) 开磁路变磁通式　　(b) 闭磁路变磁通式

图 5-27　变磁通式磁电传感器

1—永久磁铁;2—软磁铁;3—感应线圈;4—测量齿轮;5—内齿轮;6—外齿轮;7—转轴

②闭磁路变磁通式:它由装在转轴上的内齿轮和外齿轮、永久磁铁和感应线圈组成,内外齿轮齿数相同。当转轴连接到被测转轴上时,外齿轮不动,内齿轮随被测轴而转动,内、外齿轮的相对转动使气隙磁阻产生周期性变化,从而引起磁路中磁通的变化,使线圈内产生周期性变化的感应电势。显然,感应电势的频率与被测转速成正比。采用测频的方法可以得到被测物体的转动速度。

(2)恒磁通式的结构如图 5-28 所示。通常情况下是指工作气隙中的磁通恒定,永久磁铁和线圈相对运动分为动圈式和动铁式,前者是线圈运动,磁铁不动;后者是线圈不动,磁铁运动。

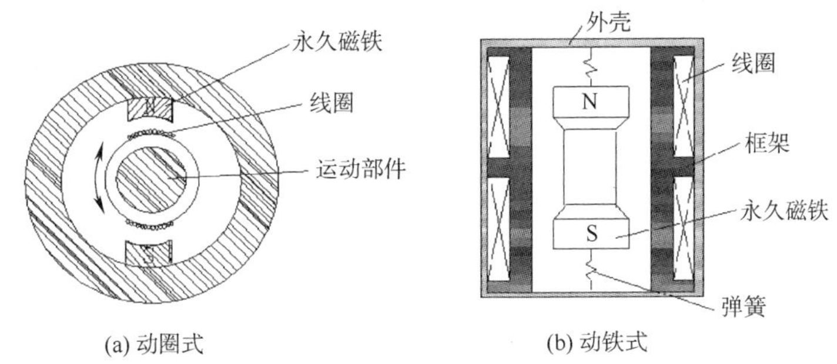

(a) 动圈式　　(b) 动铁式

图 5-28　恒磁通式的结构

磁铁和线圈的相对运动切割磁感线从而产生感应电动势

$$e = Blv\sin\alpha \xlongequal{\alpha=90^\circ} Blv \tag{5-6}$$

$$e = BS\omega\sin\alpha \xlongequal{\alpha=90^\circ} BS\omega \tag{5-7}$$

式中:B——气隙磁感应强度($\mathrm{Wb/m^2}$);

l——线圈导线总长度(m);

S——线圈所包围的面积($\mathrm{m^2}$);

v——线圈和磁铁间相对运动的速度(m/s);

ω——线圈和磁铁间相对旋转运动的角速度(rad/s);

α——运动方向与磁感应强度方向的夹角。

感应电动势与线圈相对磁铁运动线速度或角速度正比,为提高灵敏度,应选用具有磁能积较大的永久磁铁和尽量小的气隙长度,以提高气隙磁感应强度 B;增加 l 和 ω 也能提高灵敏度,但它们受到体积、质量及工作频率等因素的限制。

为了保证传感器输出的线性度,要使线圈始终在均匀磁场内运动。设计者的任务是选择合理的结构形式、材料和结构尺寸,以满足传感器基本性能要求。

2. 工作原理与特性

(1)工作原理

磁电式传感器的工作原理如图 5-29 所示,它主要由旋转的触发轮(被等分的齿轮盘,上面有多齿或缺齿)和相对静止的感应线圈两部分组成。当柴油机运行时,触发轮与传感器之间的间隙周期性变化,磁通量也会以同样的周期变化,从而在线圈中感应出近似正弦波的电压信号。

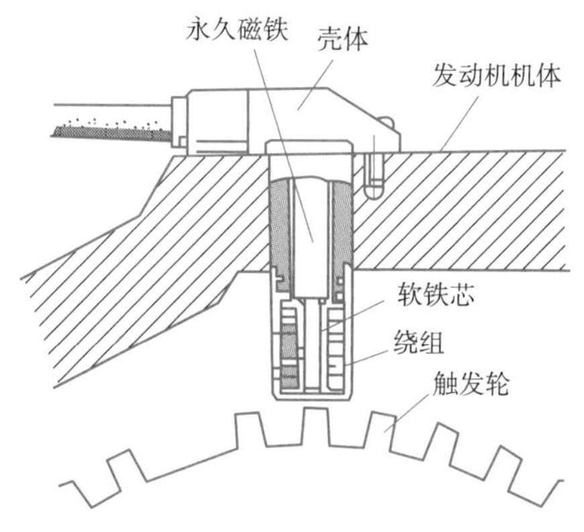

图 5-29　磁电式传感器工作原理

(2)输出特性

由磁电式传感器工作原理可知,其产生的交流电压信号的频率与齿轮转速和齿数成正比。在齿数确定的情况下,传感器线圈输出的电压频率正比于齿轮的转速,其关系为

$$f = n \cdot z$$

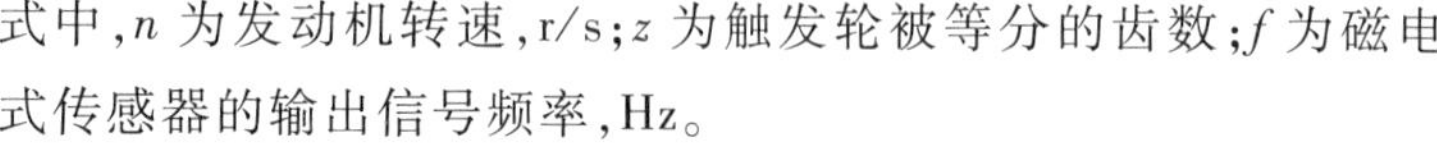

式中,n 为发动机转速,r/s;z 为触发轮被等分的齿数;f 为磁电式传感器的输出信号频率,Hz。

磁电式传感器的输出电压不仅与传感器和触发轮间的间隙 d 有关,而且与 n 有关。为了设计合理的磁电式传感器信号处理模块,在不同的 d 以及 n 条件下,通过大量的试验测出传感器的输出电压特性。

$$V = K \times \frac{n}{d} \tag{5-8}$$

式中,V 为传感器输出峰值电压,V;n 为发动机转速,r/s;d 为传感器与触发轮间的间隙,mm;K 为与传感器有关的参数。

5.3.2　磁电传感器的应用

磁电式转速传感器是利用磁电感应来测量物体转速的,属于非接触式转速测量仪表。磁电式转速传感器可用于表面有缝隙的物体转速测量,有很好的抗干扰性能,多用于发动机等设备的转速监控,在工业生产中有较多应用。

1. 磁电式转速传感器

磁电式转速传感器测量原理图如图 5-30 所示。磁电式转速传感器由铁芯、磁钢、感应线圈等部件组成,测量对象转动时,转速传感器的线圈会产生磁感线,齿轮转动会切割磁感线,磁路磁阻变化,在感应线圈内产生电动势。

磁电式转速传感器的感应电势产生的电压大小和被测对象转速有关,被测物体的转速越快,输出的电压也就越大,即输出电压和转速成正比。但是在被测物体的转速超过磁电式转速传感器的测量范围时,磁路损耗会过大,使得输出电势饱和甚至是锐减。

磁电式转速传感器的工作方式决定了它有很强的抗干扰性,能够在烟雾、油气、水汽等环境中工作。磁电式转速传感器输出的信号强,测量范围广,齿轮、曲轴、轮辐等部件及表面有缝隙的转动体都可测量。磁电式转速传感器的工作维护成本较低,运行过程无须供电,完全是靠磁电感应来实现测量的。同时磁电式转速传感器的运转也不需要机械动作,无须润滑。磁电式转速传感器的结构紧凑、体积小巧、安装使用方便,可以和各种二次仪表搭配使用。

2. 磁电式相对速度计

磁电式相对速度计结构图如图 5-31 所示。测量时，壳体固定在一个试件上，顶杆顶住另一试件，则线圈在磁场中运动速度就是两试件的相对速度。速度计的输出电压与两试件的相对速度成正比。相对式速度计可测量的最低频率接近于零。

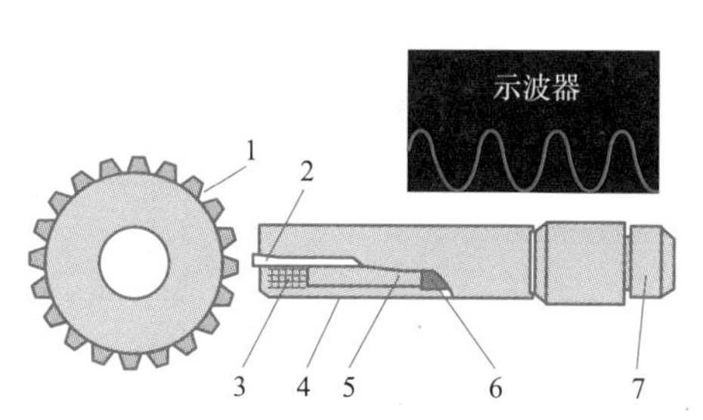

图 5-30　变磁通感应式速度/角速度传感器测量原理图

1—测量齿轮；2—软铁；3—线圈；4—外壳；
5—永久磁铁；6—填料；7—插座

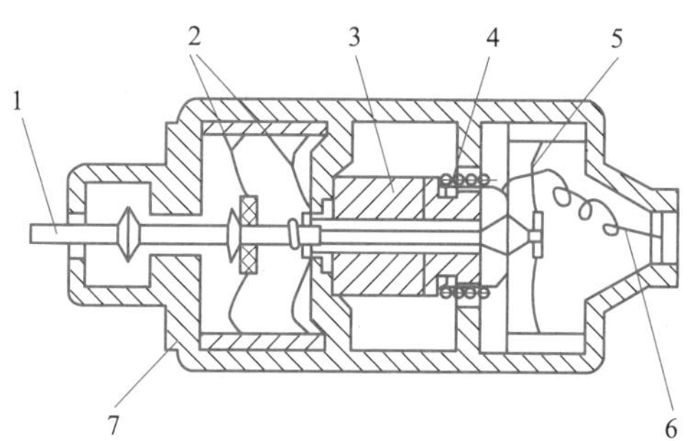

图 5-31　磁电式相对速度计结构图

1—顶杆；2，5—弹簧片；3—磁铁；
4—线圈；6—引出线；7—外壳

3. 磁电式扭矩传感器

磁电式扭矩传感器工作原理图如图 5-32 所示。在驱动源和负载之间的扭转轴的两侧安装有齿形圆盘，它们旁边装有相应的两个磁电传感器。当齿形圆盘旋转时，圆盘齿凸凹引起磁路气隙的变化，于是磁通量也发生变化，在线圈中感应出交流电压，其频率等于圆盘上齿数与转数的乘积。当扭矩作用在扭转轴上时，两个磁电传感器输出的感应电压 u_1 和 u_2 存在相位差。这个相位差与扭转轴的扭转角成正比。这样传感器就可以把扭矩引起的扭转角转换成相位差的电信号。

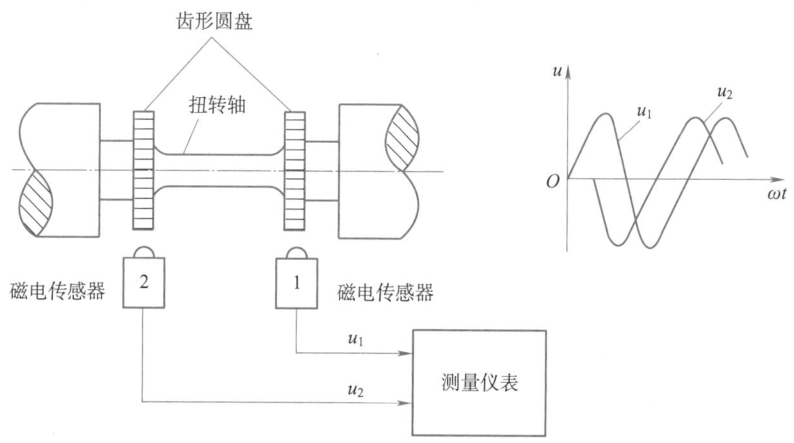

图 5-32　扭矩传感器工作原理图

4. 测振传感器

磁电式传感器用于振动测量。其中，惯性式传感器不需要静止的基座作为参考基准，它直接安装在振动体上进行测量，因而在地面振动测量及机载振动监视系统中获得了广泛的应用。

常用的测振传感器有动铁式振动传感器、圈式振动传感器等。

(1)测振传感器的应用

航空发动机、大型电机、空气压缩机、机床、车辆、轨枕振动台、化工设备、各种水气管道、桥梁、高层建筑等,其振动监测与研究都可使用磁电式传感器。

(2)测振传感器的工作特性

测振传感器是典型的集中参数 m、k、c 二阶系统。作为惯性(绝对)式测振传感器,要求选择较大的质量块 m 和较小的弹簧系数 k。这样,在较高振动频率下,由于质量块惯性大而近似相对大地静止。这时,振动体(同传感器壳体)相对质量块的位移 y(输出)就可真实地反映振动体相对大地的振幅 x(输入)。

除上述应用外,磁电式传感器还常用于扭矩、转速等测量。

实训操作　磁电传感器实训

一、实训目的

通过此实训了解磁电传感器的工作原理及控制方式。

二、实训设备

(1)MCS-51 核心板;

(2)直流电动机;

(3)矩阵键盘;

(4)ISP 下载器;

(5)电子连线若干。

三、实训原理

此处磁电传感器实验选用了直流电动机,直流电动机是将直流电能转换为机械能的转动装置。电动机定子提供磁场,直流电源向转子的绕组提供电流,换向器使转子电流与磁场产生的转矩保持方向不变。根据是否配置有常用的电刷-换向器,可以将直流电动机分为两类:有刷直流电动机和无刷直流电动机。直流电动机原理及控制电路图如图 5-33 所示。

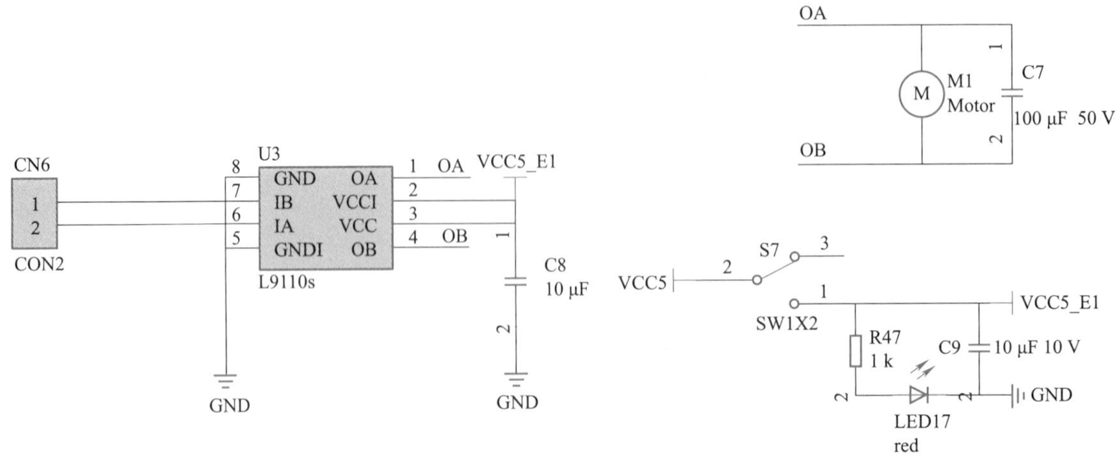

图 5-33　直流电动机及控制电路图

四、实训步骤

（1）将 220 V 交流电接入箱体左侧接口。

（2）将 ISP 下载器的 IDC10 插头插到 MCS-51 核心电路的 ISP 下载接口上，连接下载器到计算机上。

（3）运行 Progisp Ver1. 72 软件，调入 . Hex 文件，并下载到单片机中。实验接线如图 5-34 所示。

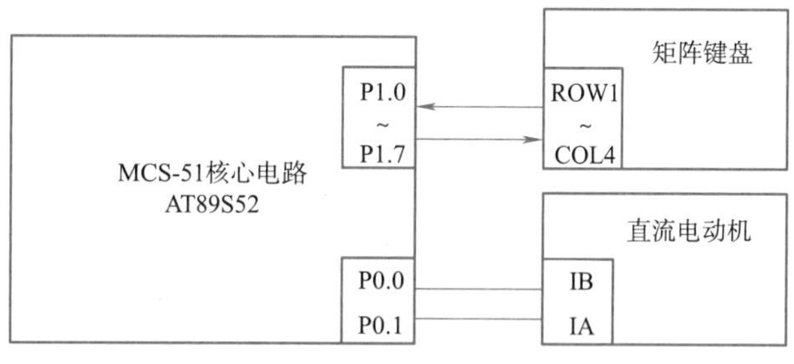

图 5-34　实验连接图

（4）确认连线无误后将所使用到的各个电路电源拨动开关拨至 ON 挡接通电源。

（5）按下 MCU 模块复位键（RST）。

（6）按下按键 1 直流电动机开始正转，按下按键 2 直流电动机开始反转，按下按键 3 直流电动机停止。

（7）观察实验现象，在实验结束后进行总结记录。

五、参考例程

```
/**********************************************************************/
#include < reg52.h >
#define uchar unsigned char
#define uint unsigned int uchar
key = 25;                                    //键值变量
sbit DC_Forward = P0^0;                      //正转
sbit DC_Reversal = P0^1;                     //反转
/****矩阵键盘扫描函数*****/
uchar keyscan()
{
    P1 = 0XFE;
    switch(P1)                               //扫第 1 行
    {
        case 0XEE:key = 1;break;
        case 0XdE:key = 2;break;
        case 0XbE:key = 3;break;
        case 0X7E:key = 10  ;
        break;
    }while(P1! = 0XFE);
    P1 = 0XFD;
    switch(P1)                               //扫第 2 行
    {
        case 0XED:key = 4;break;
        case 0XdD:key = 5;break;
        case 0XbD:key = 6;break;
        case 0X7D:key = 11;break;
    }while(P1! = 0XFD);P1 = 0XFB;
    switch(P1)                               //扫第 3 行
    {
```

```
        case 0XEB:key=7;break;
        case 0XdB:key=8;break;
        case 0XbB:key=9;break;
        case 0X7B:key=12;reak;
    }while(P1!=0XFB);
    P1=0XF7;
    switch(P1)//扫第4行
    {
        case 0XE7:key=0;break;
        case 0Xd7:key=13;break;
        case 0Xb7:key=14;break;
        case 0X77:key=15;break;
    }while(P1!=0XF7);
    return(key);
}
void main(void)//主函数
{
    while(1)
    {
        if(keyscan()==1)
        {
            key=25;DC_Forward=1;DC_Reversal=0;
        }
        if(keyscan()==2)
        {
            key=25;DC_Forward=0;
            DC_Reversal=1;
        }
        if(keyscan()==3)
        {
            key=25;DC_Forward=0;
            DC_Reversal=0;
        }
    }
}
/*************************************************************************/
```

小结

(1)外光电效应:在光线作用下,能使电子逸出物体表面的现象称为外光电效应。基于该效应的光电器件有光电管、光电倍增管、光电摄像管等,属于玻璃真空管光电器件。

(2)内光电效应:在光线作用下能使物体电阻率改变的现象称为内光电效应。基于该效应的光电器件有光敏电阻、光电二极管、光电三极管等,属于半导体光电器件。

(3)光生伏特效应:在光线作用下能使物体产生一定方向电动势的现象称为光生伏特效应,也称阻挡层光电效应。基于该效应的光电器件有光电池等，属于半导体光电器件。

(4)在一定的光照下，对光电管阴极所加的电压与阳极所产生的电流之间的关系称为光电管的伏安特性。当光电管的阴极与阳极之间所加电压一定时，光通量与光电流之间的关系称为光照特性。

(5)光敏电阻是由具有内光电效应的光导材料制成的，为纯电阻器件。

(6)光电二极管是基于内光电效应的原理制成的光敏元件。光电二极管的结构与一般二极管类似，可以直接受到光照射，光电二极管在电路中一般是处于反向工作状态。没有光照射时反向电阻很大，暗电流很小；当有光照射时，在内电场作用下定向运动形成光电流，且随着光照度的增强，光电流增大。

(7)光电三极管是基于内光电效应制成的光敏元件。光电三极管结构与一般三极管不同，通常只有两个PN结，但只有正负(C、E)两个引脚。

(8)光电池能将入射光能量转换成电压和电流，它属于光生伏特效应元件，是自发电式有源器件。

(9)光电式传感器是将光量的变化转变为电量变化的一种变换器，属于非接触式测量，其理论基础是光电效应。

(10)光电数字式转速表、光电液位检测、烟尘浊度监测仪、感烟传感器均是光电传感器的典型应用。

(11)金属或半导体薄片置于磁感应强度为B的磁场中，磁场方向垂直于薄片，当有电流I流过薄片时，在垂直于电流和磁场的方向上将产生电动势场，这种现象称为霍尔效应，该电动势称为霍尔电动势，半导体薄片称为霍尔元件。

(12)霍尔传感器的应用有位移检测、速度检测，汽车发动机点火系统中均有应用，还有霍尔电压传感器、霍尔电流传感器、霍尔电能表、霍尔高斯计、霍尔液位计、霍尔加速度计等。

(13)磁电式传感器是利用电磁感应原理，将输入运动速度变换成感应电势输出的传感器。它不需要辅助电源，就能把被测对象的机械能转换成易于测量的电信号，是一种无源传感器。

(14)磁电式转速传感器是利用磁电感应来测量物体转速的，属于非接触式转速测量仪表。磁电式转速传感器可用于表面有缝隙的物体转速测量，有很好的抗干扰性能，多用于发动机等设备的转速监控，在工业生产中有较多应用。

单元6

气体与噪声检测

气体是指无形状有体积的、可变形可流动的流体。气体是物质的一个形态,与液体一样是流体,可变形。与液体不同的是气体可以被压缩。假如没有限制(容器或力场),气体可以扩散,其体积不受限制。气态物质的原子或分子相互之间可以自由运动,动能比较高。气体形态可被其体积、温度和压强所影响。这几项要素构成了多项气体定律,而三者之间又可以互相影响。

噪声是一类引起人烦躁、或音量过强而危害人体健康的声音。从环境保护的角度讲:凡是妨碍人们正常休息、学习和工作的声音,以及对人们要听的声音产生干扰的声音,都属于噪声。从物理学的角度讲:噪声是发声体做无规则振动时发出的声音。

在现代社会的生产和生活中,人们往往会接触到各种各样的气体,遇到各种噪声,需要对它们进行检测和控制。比如环境污染情况的监测。

学习目标

- 了解气敏传感器结构、分类和特点;
- 了解半导体式气敏传感器结构、主要参数和特性;
- 掌握半导体式气敏传感器、声音传感器工作原理;
- 了解 QM-N5 气敏传感器外形和特点;
- 了解气敏传感器的应用、声音传感器的应用;
- 会搭建并调试气敏传感器和蜂鸣器控制电路。

6.1 气敏传感器

6.1.1 认识气敏传感器

1. 气敏传感器的分类

气敏传感器是用来检测气体类别、浓度和成分的传感器。它将气体种类及其浓度等有关的信息转换成电信号，根据这些电信号的强弱便可获得与待测气体在环境中存在情况有关的信息，主要用于工业上天然气、煤气、石油化工等部门的易燃、易爆、有毒、有害气体的监测、预报和自动控制。气敏元件是以化学物质的成分为检测参数的化学敏感元件。常见的气敏传感器实物图如图 6-1 所示。

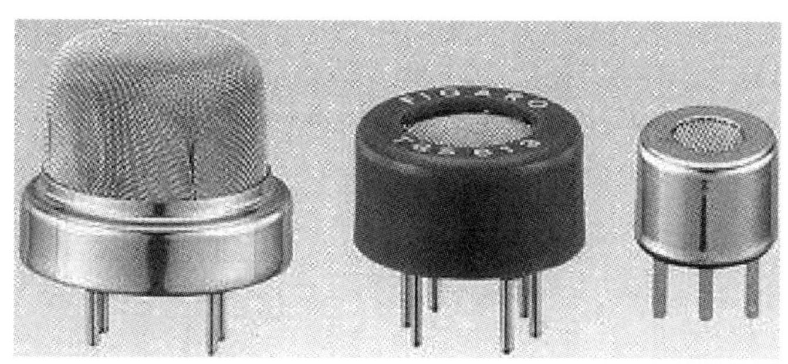

图 6-1　常见的气敏传感器实物图

气敏传感器是暴露在各种成分的气体中使用的，由于检测现场温度、湿度的变化很大，又存在大量粉尘和油雾等，所以其工作条件较恶劣，而且气体与传感元件的材料会产生化学反应物，附着在元件表面，往往会使其性能变差。因此，对气敏元件有下列要求：对被测气体具有较高的灵敏度；对被测气体以外的共存气体或物质不敏感；性能稳定，重复性好；动态特性好，对检测信号响应迅速；使用寿命长；制造成本低，使用与维护方便等。

由于气体种类繁多，性质各不相同，不可能用一种传感器检测所有类别的气体，因此，能实现气—电转换的传感器种类很多。按构成气敏传感器的材料可分为半导体和非半导体两大类。目前实际使用最多的是半导体气敏传感器。气敏传感器的分类见表 6-1。

表 6-1　气敏传感器的分类

类　型	原　理	检测对象	特点
半导体式	若气体接触到加热的金属氧化物（SnO_2、Fe_2O_3、ZnO_2 等），电阻值会增大或减小	还原性气体、城市排放气体、丙烷气体等	灵敏度高，构造与电路简单，但输出与气体浓度不成比例
接触燃烧式	可燃性气体接触到氧气就会燃烧，使得作为气敏材料的铂丝温度升高，电阻值相应增大	燃烧气体	输出与气体浓度成比例，但灵敏度较低
化学反应式	利用化学溶剂与气体反应产生的电流、颜色、电导率的增加等	CO、H_2、CH_4、C_2H_5OH、SO_2 等	气体选择性好，但不能重复使用
光干涉式	利用与空气的折射率不同而产生的干涉现象	与空气折射率不同的气体，如 CO_2 等	寿命长，但选择性差
热传导式	根据热传导率差而放热的发热元件的温度降低进行检测	与空气热传导率不同的气体，如 H_2 等	构造简单，但灵敏度低，选择性差
红外线吸收散射式	由于红外线照射气体分子谐振而吸收或散射量进行检测	CO、CO_2 等	能定性测量，但装置大，价格高

2. 半导体式气敏传感器

半导体式气敏传感器是利用半导体气敏元件同气体接触，使半导体的电导率等物理性质发生变化的原理来检测特定气体的成分或者浓度。气敏电阻的材料是金属氧化物半导体,其中P型材料有氧化钴、氧化铅、氧化铜、氧化镍等,N型材料有氧化锡、氧化铁、氧化锌、氧化钨等。合成材料有时还渗入了催化剂,如钯(Pd)、铂(Pt)、银(Ag)等。

电阻型半导体气敏材料的导电机理是气体在半导体表面的氧化还原反应导致敏感元件阻值变化。半导体气敏材料吸附气体的能力很强,当半导体器件被加热到稳定状态,在气体接触半导体表面而被吸附时,被吸附的分子首先在半导体器件表面自由扩散,失去运动能量,一部分分子被蒸发掉,另一部分残留分子产生热分解而固定在吸附处(化学吸附)。

图6-2为N型半导体吸附气体时器件阻值变化图,此图表示了气体接触N型半导体时所产生的器件阻值变化情况。由于空气中的含氧量大体上是恒定的,因此氧的吸附量也是恒定的,器件阻值也相对固定。若气体浓度发生变化,其阻值也将变化。根据这一特性,可以从阻值的变化得知吸附气体的种类和浓度。半导体气敏时间(响应时间)一般不超过1min。N型材料有SnO_2、ZnO、TiO等,P型材料有MoO_2、CrO_3等。

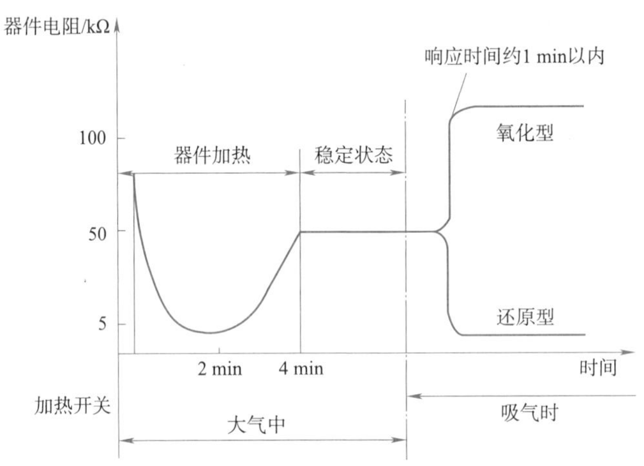

图6-2　N型半导体吸附气体时器件阻值变化图

3. 半导体气敏传感器类型及结构

半导体气敏传感器主要类型有烧结型气敏器件、薄膜型气敏器件、厚膜型气敏器件,其中烧结型气敏器件是目前工艺最成熟,应用最广泛的器件。

烧结型气敏器件结构如图6-3所示,烧结型气敏器件的制作是将一定比例的敏感材料(SnO_2、ZnO等)和一些掺杂剂(Pt、Pb等)用水或粘合剂调合,经研磨后使其均匀混合,然后将混合好的膏状物倒入模具,埋入加热丝和测量电极,经传统的制陶方法烧结。最后将加热丝和电极焊在管座上,加上特制外壳就构成器件。这种半导体陶瓷,简称半导瓷。半导瓷内的晶粒直径为1 μm左右,晶粒的大小对电阻有一定影响,但对气体检测灵敏度则无很大的影响。烧结型器件制作方法简单,器件寿命长。但由于烧结不充分,器件机械强度不高,电极材料较贵重,电性能一致性较差,因此应用受到一定限制。

烧结型气敏器件工作时必须加热,其目的是加速被测气体的吸附、脱出过程;烧去气敏元件的油垢或污垢物,起清洗作用;控制不同的加热温度能对不同的被测气体有选择作用;加热温度与元件输出的灵敏度有关。一般加热温度为 200 ~ 400 ℃。

烧结型气敏器件分为两种结构：直热式和旁热式。制作采用蒸发或溅射的方法，在处理好的石英基片上形成一薄层金属氧化物薄膜（如 SnO_2、ZnO 等），再引出电极。实验证明，SnO_2 和 ZnO 薄膜的气敏特性较好，优点是灵敏度高、响应迅速、机械强度高、互换性好、产量高、成本低等。薄膜型气敏器件的结构如图 6-4 所示。

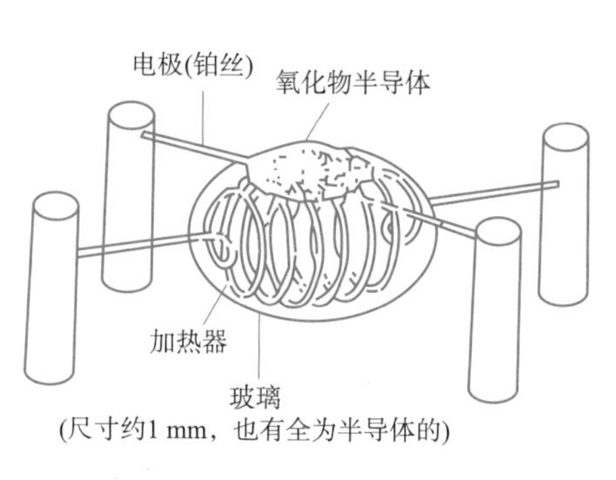

图 6-3　烧结型气敏器件结构

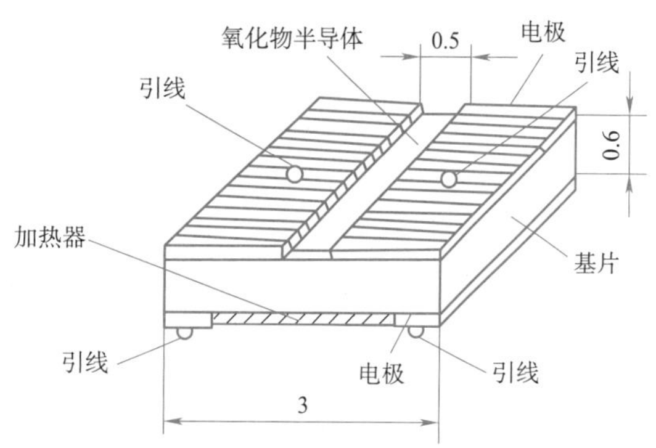

图 6-4　薄膜型气敏器件的结构（单位：mm）

厚膜型气敏器件如图 6-5 所示，厚膜型气敏器件是将 SnO_2 和 ZnO 等材料与硅凝胶混合制成能印刷的厚膜胶，把厚膜胶用丝网印制到装有铂电极的氧化铝绝缘基片上，在 400 ~ 800 ℃ 高温下烧结 1 ~ 2 h 制成。其优点是一致性好、机械强度高、适于批量生产。厚膜型器件全部附有加热器，它的作用是将附着在敏感元件表面上的尘埃、油污等烧掉，加速气体的吸附，从而提高器件的灵敏度和响应速度。加热器的温度一般控制在 200 ~ 400 ℃。

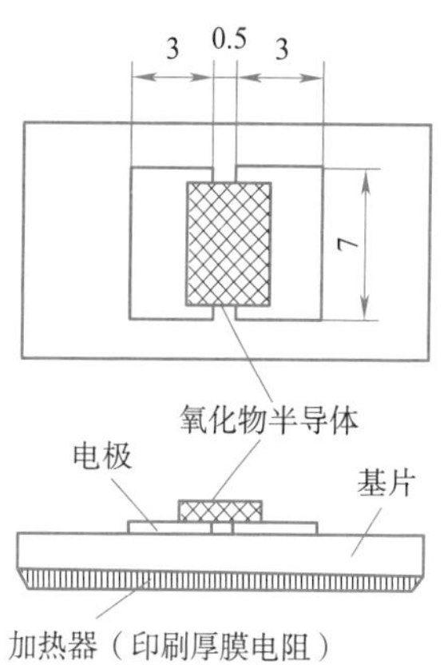

图 6-5　厚膜型气敏器件的结构（单位：mm）

电阻式气敏传感器的特点有工艺简单、价格便宜、使用方便、气体浓度发生变化时响应迅速、低浓度下灵敏度也较高。但是存在稳定性差、老化较快、气体识别能力不强、各器件之间的特性差异大等缺点。

4. 气敏传感器的主要参数及特性

（1）电阻值

将电阻型气敏元件在常温下洁净空气中的电阻值，称为气敏元件（电阻型）的固有电阻值，表示为 R_a。一般其固有电阻值在 10^3 ~ 10^5 Ω 范围。

由于地理环境的差异，各地区空气中含有的气体成分差别较大。即使对于同一气敏元件，在温度相同的条件下，在不同地区进行测定，其固有电阻值也都会出现差别。因此，测定固有电阻值 R_a 时，必须在洁净的空气环境中进行测量。

（2）灵敏度

灵敏度是表征气敏元件对于被测气体的敏感程度的指标。它表示气体敏感元件的电参量（如电阻型气敏元件的电阻值）与被测气体浓度之间的依从关系。

5. QM-N5 气敏传感器介绍

QM-N5 型气敏元件是以金属氧化物 SnO_2 为主体材料的 N 型半导体气敏元件。当元件接触还原性气体时，其电导率随气体浓度的增加而迅速升高。QM-N5 型气敏元件适用于天然气、煤气、氢气、烷类气体、烯类气体、汽油、煤油、乙炔、氨气、烟雾等的检测，属于 N 型半导体元件。主要特点是用于可燃性气体的检测（CH_4、C_4H_{10}、H_2 等）、灵敏度高、稳定性较好、响应和恢复时间短、输出信号大、寿命长、工作稳定可靠等。

QM-N5 气敏传感器实物图与引脚图如图 6-6 所示。

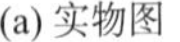
(a) 实物图

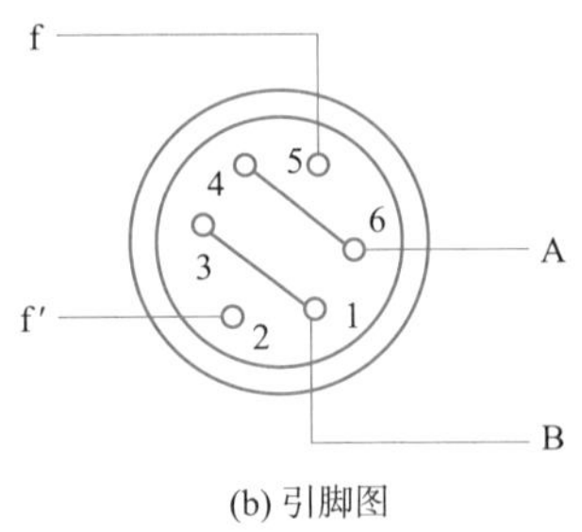

(b) 引脚图

图 6-6　QM-N5 气敏传感器实物图与引脚图

图 6-6(b)中：1 脚和 3 脚并联，记作 B；4 脚和 6 脚并联，记作 A；2 脚记作 f′，5 脚记作 f。f′-f 之间接加热电源。A、B 作为输出端，连线如图 6-7 所示。

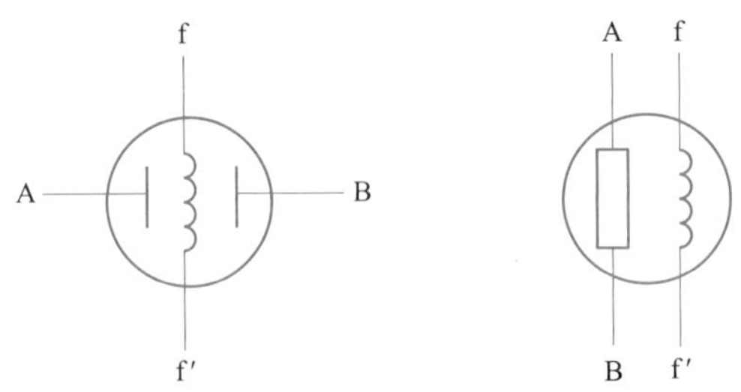

图 6-7　QM-N5 气敏传感器连线图

6. 气敏传感器应用电路

MQ-6 检测液化气泄漏报警与控制电路，如图 6-8 所示。该报警器主要由电源、传感器检测电路、传感器预热电路及报警与控制电路四部分组成。电源部分由 BRIDEG1、C1、U1、C2 及 LED1、R1 组成，变压器将 220 V 市电降为 7.5 V 的交流电压，经 BRIGERG1、C1 整流、滤波后得到 9 V 的直流电压，一方面作为 LM324 和报警与控制电路的供电电源，另一方面经 U1 稳压后作为其他电路的电源。传感器检测电路由 MQ6、RP1、RP2、R2、R3、R4 及 U2B 组成，*RP*1 用于调节传感器的灵敏度，RP2 用于调节报警电路的起控浓度，调节 RP2 可以使 U2B 反相端电位在 2.25 V 到 5 V 之间变化。传感器预热电路由 D1、D2、U2A、R5、R6、R7、R8、C3 和 LED2 组成，主要是防止在接通电一段时间内传感器电路发生误动作。在接通电源的一段时间内[其延时时间可由公式 $t=R_6C_3\ln(1-U_1/U_2)$ 来计算]，使 U2A 输出电压为 0，D1 导通，封锁了传感器的输出信号，防止传感器在预热阶段电路发生误动作。报警与控制电路由 *R*9、*R*10、Q1、LED3、D3、K1、蜂鸣器及排气扇组成，当 Q1 导通时，蜂鸣器、LED3 发出声光报警信号，且 K1 得电，常开触点闭合，排气扇电动机得电，启动电扇，将室内空气排出，以降低气体浓度。TEST 开关用于电路测试，不管在什么状态下，只要按下 TEST 开关，U2B 输出高电压，使 Q1 导通，发出报警信号。

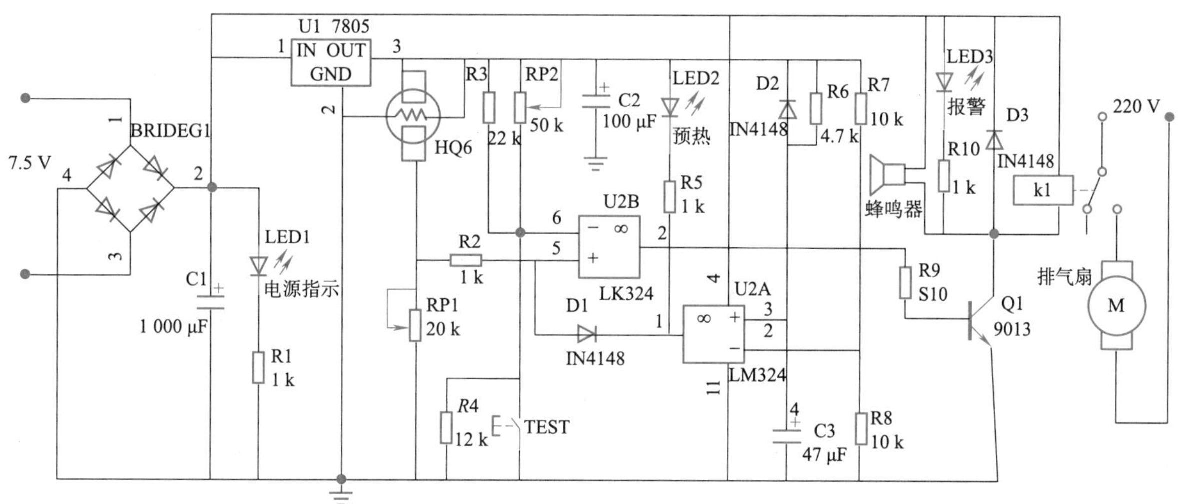

图 6-8　可燃气体泄露报警、控制电路原理图

MQ-6 检测液化气泄漏报警与控制电路的工作过程：在接通电源时，预热控制电路起作用，U2A 输出电压为 0，D1 导通，使 U2B 同相端电位较低（小于反相端电位），此时 U2B 输出电压 0，Q1 截止，报警与控制电路不动作。经过一段时间（取决于 R6 对 C3 的充电时间）后，U2A 的同相端电压高于反相端电压，U2A 输出高电压，D1 截止，传感器检测信号可以送 U2B。此时，若被测气体浓度高于报警点，则 U2B 的同相端电位高于反相端，U2B 输出高电压，Q1 导通，发出声光报警信号；若被测气体浓度低于报警点，则 U2B 反相端电位高于同相端，U2B 输出低电压，Q1 截止，报警电路不工作。

6.1.2　气敏传感器的应用

气敏传感器的应用主要有：一氧化碳气体的检测、瓦斯气体的检测、煤气的检测、呼气中乙醇的检测、人体口腔口臭的检测等。它将气体种类及其与浓度有关的信息转换成电信号，根据这些电信号的强弱就可以获得与待测气体在环境中的存在情况有关的信息，从而可以进行检测、监控、报警，还可以通过接口电路与计算机组成自动检测、控制和报警系统。

1. 家用可燃性气体报警器

图 6-9 是一种最简单的家用可燃性气体报警器电路。气—电转换器件采用测试回路高电压的直热式气敏元件 TGS109。当室内可燃性气体增加时，由于气敏元件接触到可燃性气体而其阻值降低，流经回路的电流便增加，可直接驱动蜂鸣器报警。

设计报警时，应合理选择开始报警浓度。设置过低，灵敏度高，容易产生误报；设置过高，容易造成漏报，起不到报警效果。

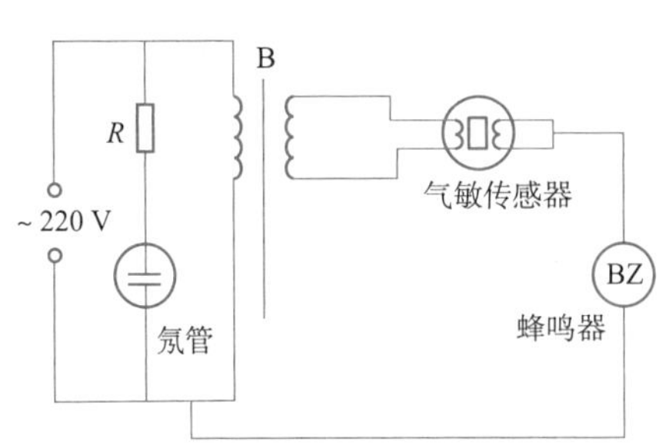

图 6-9 家用可燃性气体报警器电路与实物

2. 矿灯瓦斯报警器

矿灯瓦斯报警器电路如图 6-10 所示。它可以直接放置在矿工的工作帽内,以矿灯蓄电池为电源(4 V),气体传感器为 QM-N5 型,R_1 为传感器加热线圈的限流电阻。为了避免传感器在每次使用前都要预热十多分钟,并且避免在传感器预热期间会造成误报警,传感器电路不接于矿灯开关回路内。矿工每天下班后将矿灯蓄电池交给充电房相关人员充电,充电时传感器处于预热状态。当工人们下井前到充电房领取后可不再进行预热。

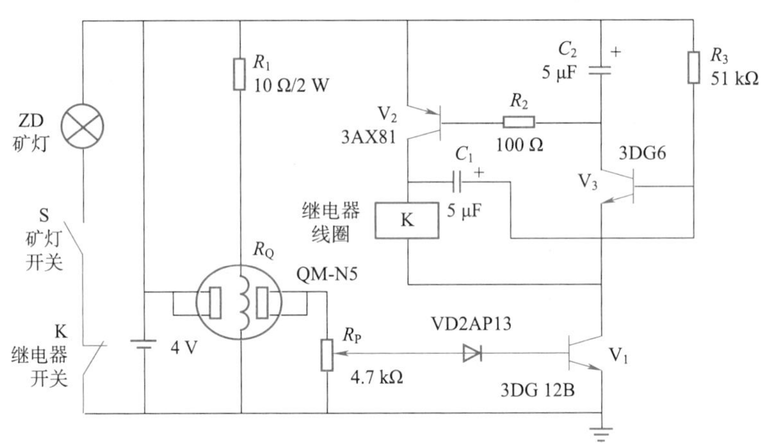

图 6-10 矿灯瓦斯报警器电路

3. 酒精检测仪

酒精检测仪是用来检测人体是否摄入酒精及摄入酒精多少的仪器。它可以作为交通警察执法时检测饮酒司机饮酒多少的检测工具,以有效减少重大交通事故的发生;也可以用在其他场合检测人体呼出气体中的酒精含量,避免人员伤亡和财产的重大损失,如一些高危领域禁止酒后上岗的工作。

其工作原理是当具有 N 型导电性的氧化物暴露在大气中时,由于氧气的吸附而减少其内部的电子数量,使其电阻增大。其后如果大气中存在某种特定的还原性气体,它将与吸附的氧气反应,从而使氧化物内的电子数增加,导致氧化物电阻减小。半导体-氧化物传感器就是通过该阻值的变化来分析气体浓度的。

酒精检测仪实际上是由酒精气体传感器(相当于随酒精气体浓度变化的变阻器)与一个定值电阻、一个电压表或电流表组成,如图 6-11 所示。图中 R_1 为定值电阻,酒精气体传感器 R_2 的电阻值随酒精气体浓度的增大而减小,被测人员呼出的酒精气体浓度越大,测试仪的电压表示数越大。

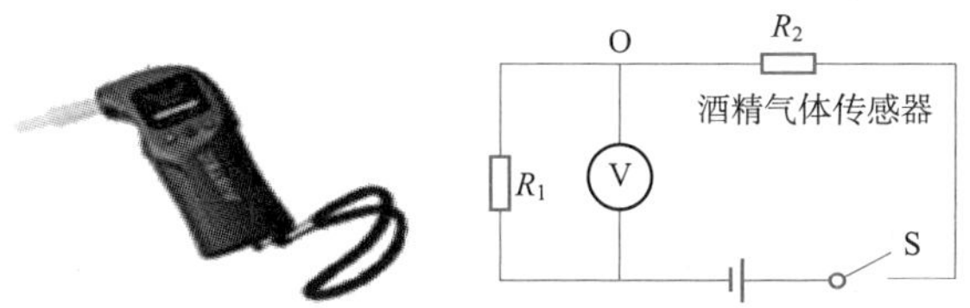

图 6-11　酒精检测仪实物与电路

4. 其他应用

汽车工业是气体传感器又一重要市场。采用氧传感器检测和控制发动机的空燃比,可以使燃烧过程最佳化。气体传感器还可以用来检测汽车或烟囱中排出的废气量,这些废气包括二氧化碳、在大型工业锅炉燃烧过程中采用带有气体传感器的控制,可以提高燃烧效率减少废气排出,节省能源。

在食品和饮料加工过程中,二氧化硫传感器是极有用的器件。二氧化硫常用于许多食品和饮料的保存和检测,使之含有保持特定的味道和香味所需最小的二氧化硫浓度。另外,气体传感器还被用来检测葡萄酒、啤酒、高粱酒的发酵程度以保证产品均匀性和降低成本。

在医疗诊断方面,可用气体传感器进行病人状况诊断测试,如口臭检测、血液中二氧化碳和氧浓度检测等。

实训操作　一氧化碳传感器实训

一、实训目的

通过此实训了解一氧化碳传感器的工作原理及用途。

二、实训设备

(1)MCS-51 核心板;

(2)一氧化碳传感器模块;

(3)呼吸灯;

(4)继电器;

(5)蜂鸣器;

(6)直流电动机;

(7)ISP 下载器;

(8)电子连线若干。

三、实训原理

1. 器件概述

MQ-7 气体传感器所使用的气敏材料是在清洁空气中电导率较低的二氧化锡(SnO_2)。采用高低温循环检测方式。低温(1.5 V 加热)检测一氧化碳,传感器的电导率随空气中一氧化碳气体浓度增加而增大,高温(5.0 V 加热)清洗低温时吸附的杂散气体。使用简单的电路即可将电导率的变化,转换为与该气体浓度相对应的输出信号。MQ-7 气体传感器对一氧化碳的灵敏度高,这种传感器可检测多种含一氧化碳的气体,是一款适合多种应用的低成本传感器。参数如下。

芯片:LM393. MQ-7 气体传感器;

工作电压:直流 5 V;

具有信号输出指示;

双路信号输出(模拟量输出及 TTL 电平输出);

TTL 输出有效信号为低电平(当输出低电平时信号灯亮,可直接接单片机);

模拟量输出 0 ~5 V 电压,浓度越高电压越高;

对一氧化碳具有很高的灵敏度和良好的选择性;

具有长期的使用寿命和可靠的稳定性。

2. 适用领域

适宜于一氧化碳、煤气等的探测。可用于家庭环境的一氧化碳探测。

3. 电路原理

一氧化碳传感器检测电路如图 6-12 所示。

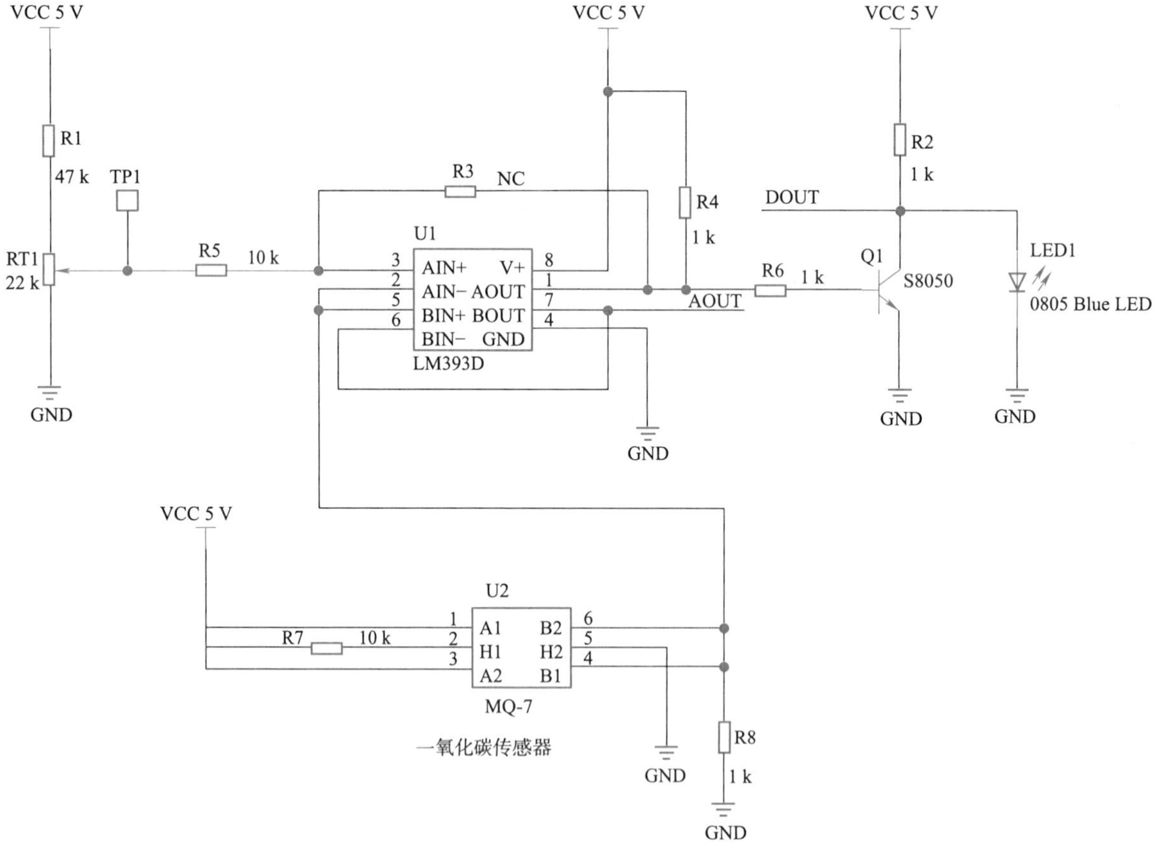

图 6-12 一氧化碳传感器检测电路

四、实训步骤

(1)将交流电 220 V 插入箱体左侧接口。

(2)将 ISP 下载器的 IDC10 插头插到 MCS-51 核心电路的 ISP 下载接口上,连接下载器到计算机上。

(3)运行 Progisp Ver1.72 软件,调入 .Hex 文件,并下载到单片机中。实验接线如图 6-13 所示。

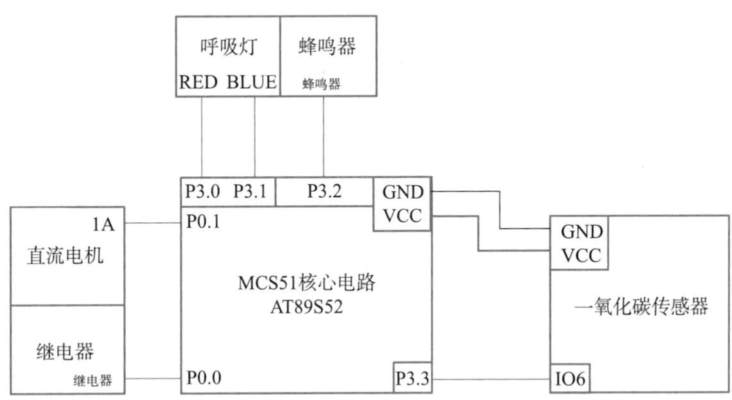

图 6-13　实验连接图

(4)确认连线无误后将所使用到的各个电路电源拨动开关拨至 ON 挡接通电源。

(5)按下 MCU 模块复位键(RST)。

(6)观察实验现象,在实验结束后进行总结记录。

五、参考例程

```
/************************************************************************/
#include < reg52.h >
#include < intrins.h >
//---------------------------------------------------------
sbit JDQ = P0^0;                           //继电器控制脚
sbit DJ = P0^1;                            //直流电机控制脚
sbit RED = P3^0;                           //红色 LED
sbit BLUE = P3^1;                          //蓝色 LED
sbit FMQ = P3^2;                           //蜂鸣器
sbit DOUT = P3^3;                          //一氧化碳传感器数字量输出
void Delayus(unsigned int time)            //延时时间为 1us* x 晶振是 11.0592M
{
   unsigned int_y;
   for(_y = 0;_y < time;_y + +)
      _nop_
      ();
}
void main()
{
   while(1)
   {
      if(DOUT = =1)                        //判断是否有可疑气体
      {
```

```
            JDQ = 1;
            DJ = 1;
            RED = 0;BLUE = 1;FMQ = 0;                              //0.5s 周期进行闪烁
            Delayus(5000);RED = 1;
            BLUE = 0;FMQ = 1;
            Delayus(5000);
        }
        else
        {
            JDQ = 0;
            DJ = 0;
            RED = 1;BLUE = 1;FMQ = 1;
        }
    }
}
/*****************************************************************************/
```

6.2 声音传感器

6.2.1 认识声音传感器

声音传感器又称声敏传感器，是将在气体、液体或固体中传播的机械振动转换成电信号的器件或装置。它采用接触或非接触的方式检测信号。声敏传感器的种类很多，按测量原理可分为压电效应、电致伸缩效应、电磁感应、静电效应和磁致伸缩效应等。下面以电容式驻极体话筒为例进行介绍。

1. 组成

声音传感器结构如图 6-14 所示，该传感器是内置一个对声音敏感的电容式驻极体话筒。驻极体话筒主要由两部分组成——声电转换部分和阻抗部分。声电转换的关键元件是驻极体振动膜。它是一片极薄的塑料膜片，在其中一面蒸发上一层纯金薄膜，再经过高压电场驻极后，两面分别驻有异性电荷。膜片的蒸金面向外，与金属外壳相连通，膜片的另一面与金属极板之间用薄的绝缘衬圈隔离开，这样，蒸金膜与金属极板之间就形成一个电容。当驻极体膜片遇到声波振动时，引起电容两端的电场发生变化，从而产生了随声波变化的交变电压。驻极体膜片与金属极板之间的电容量比较小，因而它的输出阻抗值很高，约几十兆欧以上。这样高的阻抗是不能直接与音频放大器相匹配的，所以在话筒内接入一只结型场效应管来进行阻抗变换。场效应管的特点是输入阻抗极高、噪声系数低。普通场效应管有源极（S）、栅极（G）和漏极（D）三个极，这里使用的是在内部源极和栅极间再复合一只二极管的专用场效应管。接二极管的目的是在场效应管受强信号冲击时起保护作用。场效应管的栅极接金属极板，这样，驻极体话筒的输出线便有两根，即源极（S）一般用蓝色塑料线，漏极（D）一般用红色塑料线和连接金属外壳的编织屏蔽线。

2. 工作原理

声波使话筒内的驻极体薄膜振动，导致电容的变化，而产生与之对应变化的微小电压。这一电压随后被转化成 0 ~ 5 V 的电压，经过 A/D 转换被数据采集器接收，并传送给计算机。

6.2.2　声音传感器的应用

声音传感器广泛应用于交通干道噪声监测，工业企业场界噪声检测，建筑施工场界噪声检测，城市区域环境噪声检测，社会生活环境噪声检测、监测和评估。

BR-ZSII 声音传感器如图 6-15 所示，它是一款工业标准输出（4～20 mA）的积分噪声监测仪，符合 GB3785、GB/T 17181 等噪声监测标准。BR-ZSII 声音传感器针对噪声测试需求而设计，支持现场噪声分贝值实时显示，兼容用户的监控系统，对噪声进行定点全天候监测，可设置报警极限对环境噪声超标报警。精度高、通用性强、性价比高成为该监测仪的显著特点。

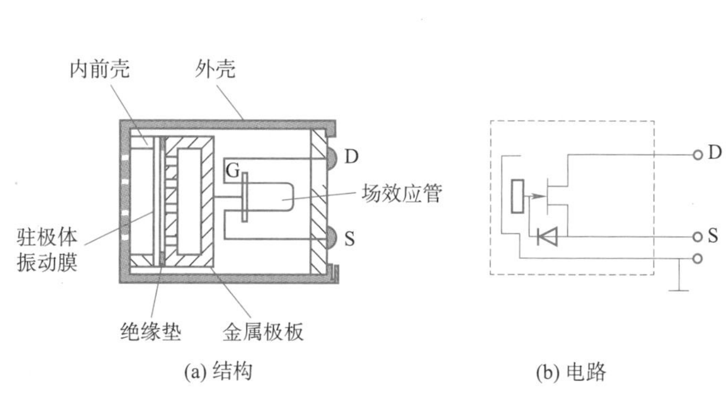

图 6-14　声音传感器结构

6-15　BR-ZS II 声音传感器

实训操作　蜂鸣器控制实训

一、实训目的

通过此实训了解蜂鸣器的工作原理及用途。

二、实训设备

（1）MCS-51 核心板；

（2）蜂鸣器；

（3）矩阵键盘；

（4）ISP 下载器；

（5）电子连线若干。

三、实训原理

1. 器件概述

蜂鸣器由振动装置和谐振装置组成，分为无源他激型与有源自激型。

无源他激型蜂鸣器的工作发声原理是：方波信号输入振动装置转换为声音信号输出，如图 6-16 所示。

有源自激型蜂鸣器的工作发声原理是:直流电源输入,经过振动电路的放大、采样,在谐振装置作用下产生声音信号,如图 6-17 所示。

图 6-16　无源他激型蜂鸣器的工作发声原理图

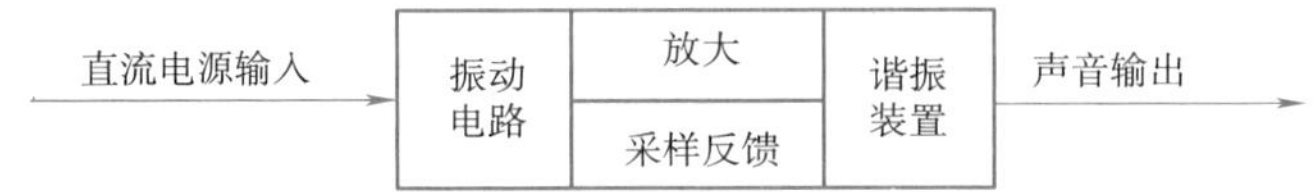

图 6-17　有源自激型蜂鸣器的工作发声原理图

2. 控制方式

①PWM 输出口直接驱动蜂鸣器方式

由于 PWM 只控制固定频率的蜂鸣器,所以可以在程序的系统初始化时就对 PWM 的输出波形进行设置。首先根据 SH69P43 的 PWM 输出的周期宽度是 10 位数据来选择 PWM 时钟。系统使用4 MHz 的晶振作为主振荡器,一个 t_{osc}的时间就是 0. 25 μs。若将 PWM 的时钟设置为 t_{osc},则蜂鸣器要求的波形周期 500 μs 的计数值为 500 μs/0. 25 μs = 2 000 = 7D0H。7D0H 为 11 位的数据,而 SH69P43 的 PWM 输出周期宽度只是 10 位数据,所以选择 PWM 的时钟为 t_{osc}是不能实现蜂鸣器所要的驱动波形的。若将 PWM 的时钟设置为 $4t_{osc}$,一个 PWM 的时钟周期就是 1 μs,由此可以算出 500 μs 对应的计数值为 500 μs/1 μs = 500 = 1F4H,即分别在周期寄存器的高 2 位、中 4 位和低 4 位三个寄存器中填入 1、F 和 4,就完成了对输出周期的设置。第二步设置占空比寄存器。在 PWM 输出中占空比是通过设定一个周期内电平的宽度来实现的。当输出模式选择为普通模式时,占空比寄存器是用来设置高电平的宽度。250 μs 的宽度计数值为 250 μs/1 μs = 250 = 0FAH,只需要在占空比寄存器的高 2 位、中 4 位和低 4 位中分别填入 0、F 和 A 就可以完成对占空比的设置,占空比为(1/2) duty。以后只需要打开 PWM 输出,PWM 输出口就能输出频率为 2 000 Hz。占空比为(1/2)duty 的方波。

②I/O 口定时翻转电平驱动蜂鸣器方式

使用 I/O 口定时翻转电平驱动蜂鸣器方式的设置比较简单,只需要对波形分析一下。由于驱动的信号刚好为周期 500 μs、占空比(1/2)duty 的方波,因此,只需要每 250 μs 进行一次电平翻转,就可以得到驱动蜂鸣器的方波信号。在程序上,可以使用 TIMER0 来定时。将 TIMER0 的预分频设置为/1,选择 TIMER0 的时钟为系统时钟(主振荡器时钟/4),在 TIMER0 的载入/计数寄存器的高 4 位和低 4 位分别写入 00H 和 06H,就能将 TIMER0 的中断设置为 250 μs。当需要 I/O 口驱动的蜂鸣器鸣叫时,只需要在进入 TIMER0 中断的时候对该 I/O 口的电平进行翻转一次,直到蜂鸣器不需要鸣叫时,将I/O 口的电平设置为低电平即可。不鸣叫时将 I/O 口的输出电平设置为低电平是为了防止漏电。

3. 电路原理

蜂鸣器的控制电路理如图 6-18 所示。

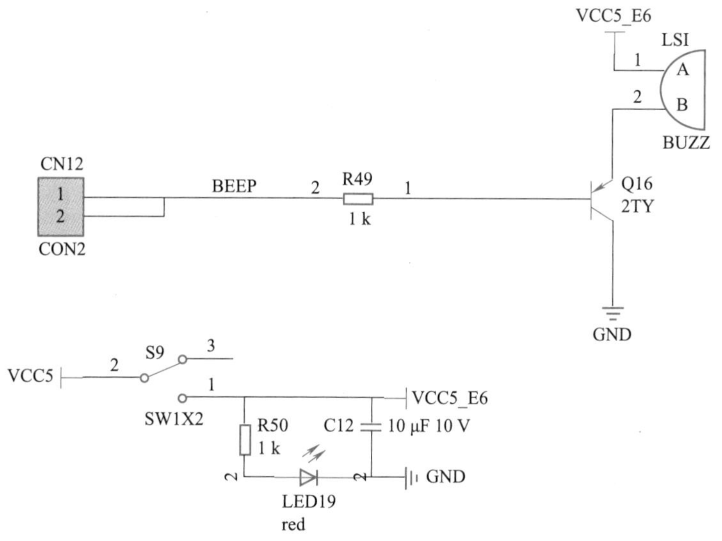

图6-18　蜂鸣器的控制电路原理图

四、实训步骤

(1)将交流电220 V插入箱体左侧接口。

(2)将ISP下载器的IDC10插头插到MCS51核心电路的ISP下载接口上,连接下载器到计算机上。

(3)运行Progisp Ver1.72软件,调入.Hex文件,并下载到单片机中。实训接线如图6-19所示。

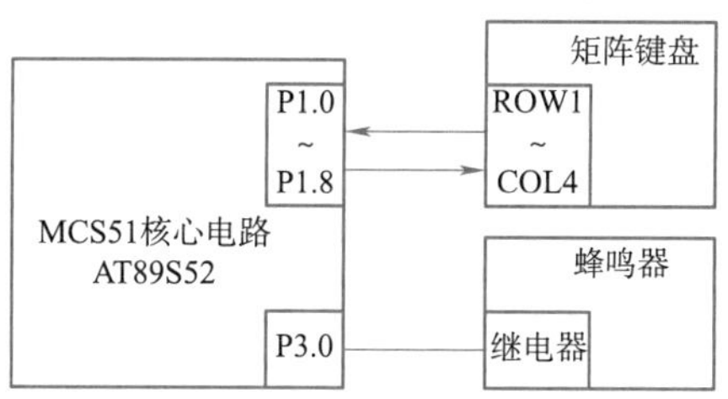

图6-19　实训连接图

(4)确认连线无误后将所使用到的各个电路电源拨动开关拨至ON挡接通电源。

(5)按下MCU模块复位键(RST)。

(6)观察实验现象,在实验结束后进行总结记录。

五、参考例程

```
/*********************************************************************/
#include <reg52.h> sbit
FMQ = P3^0;unsigned
char key = 25;
unsigned char keyscan()
{
    P1 = 0XFE;
    switch(P1)                        //扫第1行
    {
```

```
            case 0XEE:key=1;break;
            case 0XdE:key=2;break;
            case 0XbE:key=3;break;
            case 0X7E:key=10;break;
        }while(P1!=0XFE);
        P1=0XFD;
        switch(P1)                                          //扫第2行
        {
            case 0XED:key=4;break;
            case 0XdD:key=5;break;
            case 0XbD:key=6;break;
            case 0X7D:key=11;break;
        }while(P1!=0XFD);
        P1=0XFB;
        switch(P1)                                          //扫第3行
        {
            case 0XEB:key=7;break;
            case 0XdB:key=8;break;
            case 0XbB:key=9;break;
            case 0X7B:key=12;break;
        }while(P1!=0XFB);
        P1=0XF7;
        switch(P1)                                          //扫第4行
        {
            case 0XE7:key=0;break;
            case 0Xd7:key=13;break;
            case 0Xb7:key=14;break;
            case 0X77:key=15;break;
        }while(P1!=0XF7);
        return(key);
    }
    void TMI()
    {
        if(keyscan()==1)                                    //判断按键是否被按下,按下则继电器吸合
        {
          key=25;FMQ=0;
        }
        if(keyscan()==2)                                    //判断按键是否被按下,按下则继电器断开
        {
        key=25;FMQ=1;
        }
    }
    void main()
    {
        while(1)
        {
          TMI();
        }
    }
/**********************************************************************/
```

小结

(1)气敏传感器是用来检测气体类别、浓度和成分的传感器。它将气体种类及其浓度等有关的信息转换成电信号,根据这些电信号的强弱便可获得与待测气体在环境中存在情况有关的信息。

(2)气敏元件是以化学物质的成分为检测参数的化学敏感元件。

(3)半导体式气敏传感器利用半导体气敏元件同气体接触,使半导体的电导率等物理性质发生变化的原理来检测特定气体的成分或者浓度。

(4)半导体气敏传感器主要类型有烧结型气敏器件、薄膜型气敏器件、厚膜型气敏器件,其中烧结型气敏元件是目前工艺最成熟,应用最广泛的元件。

(5)QM-N5 型气敏元件是以金属氧化物 SnO_2 为主体材料的 N 型半导体气敏元件。当元件接触还原性气体时,其电导率随气体浓度的增加而迅速升高。

(6)声音传感器又称声敏传感器,是将在气体液体或固体中传播的机械振动转换成电信号的器件或装置。

(7)声敏传感器按测量原理可分为压电效应、电致伸缩效应、电磁感应、静电效应和磁致伸缩效应等。

(8)电容式驻极体话筒由声电转换部分和阻抗部分组成。声电转换的关键元件是驻极体振动膜。

(9)电容式驻极体话筒工作原理是声波使话筒内的驻极体薄膜振动,导致电容的变化,而产生与之对应变化的微小电压。这一电压随后被转化成 0 ~ 5 V 的电压,经过 A/D 转换被数据采集器接收,并传送给计算机。

(10)声音传感器广泛应用于交通干道噪声监测,工业企业场界噪声检测,建筑施工场界噪声检测,城市区域环境噪声检测,社会生活环境噪声检测、监测和评估。

单元7

智能家居

计算机技术、通信技术、网络技术、控制技术、信息技术的迅猛发展与提高,带来了家庭生活的现代化,衣食住行的舒适化,居住环境的安全化。智能家居正是在这种形势下应运而生的。越来越多的消费者,尤其是有一定文化层次和经济实力的人群,已把住宅智能化程度作为自己置业的一个重要参考。智能家居系统所占房地产开发的成本比例不高,却能明显提高楼盘的吸引力,增值作用显著。

人们对智能网络化家庭环境的要求是:安全舒适、轻松方便、节约能源、随心所欲。要实现这一梦想,最基本的条件是:家庭中各种独立的设备就必须集成在一个统一的家庭网络中,把所有可能的设备完全网络化控制和监视。不管一个家庭中的电子设备对外的通信方式和协议如何,它们必须通过一个家庭网关互相交流。

学习目标

- 了解智能家居特点;
- 了解传感器在智能家居的应用;
- 会搭建并调试单片机串口数据收发控制电路;
- 会搭建并调试多种传感器控制电路。

7.1 智能家居特点

1. 安全可靠

智能家居具有防盗、防火、防煤气泄漏等功能。当家中遇到紧急或危机情况时,智能家居系统可以迅速、准确地报警,让外出的业主第一时间收到报警信息,并可随时进行家中系统的远程视频访问及检查核实。智能家居可以为家的安全提供全天 24 h 的保障。

2. 智能控制

智能家居可实现灯光控制、电动窗帘控制、空调和地暖等温度控制、新风控制等实用功能,用户可自定义“一键控制”多种设备的场景模式。业主可以按照自己的意愿选择智慧家居功能配置选择，可通过电话、互联网、手机以及其他无线终端随时随地进行场景的控制。

3. 节能环保

智能家居系统通过节能探测器执行节能场景，可以有效节约能源。在室内的某个区域一段时间没有人后，系统将自动执行预设的节能场景，关闭该区域的灯光、空调、降低地暖温度等，而感应时间可以由主人依据自己的生活习惯自由设定。

4. 远程操控

Wi-Fi 技术的应用，使得智能家居的控制终端突破了传统控制屏的局限性，手机、计算机、iTouch、iPad、数码相框、上网本等当今的移动终端都可以用来控制智能家居，不限时间和地点。例如，回家前将家中的新风关闭，将地暖调高，到家时就能享受一个温暖的环境了。

7.2 智能家居的系统组成

比较完整的智能家居系统一般由多个智能子系统构成，常见的智慧生活场景如图 7-1 所示。其智能子系统主要有：智慧照明、智慧安防、影音娱乐、智慧健康、环境检测，以及智慧洗浴、智慧空气、智慧美食、智慧晾晒等；也可以按照空间划分为智慧玄关、智慧厨房、智慧客厅、智慧卧室、智慧浴室、智慧阳台等。

图 7-1　常见的智慧生活场景

无论是功能系统方案还是空间智能化解决方案都是依托集成的智能硬件进行有机融合，实现场景化的功能服务。美的智慧家居产品体系主要由智能网关、智能安防、智能探测及智能家电构成，其产品体系图谱如图 7-2 所示。

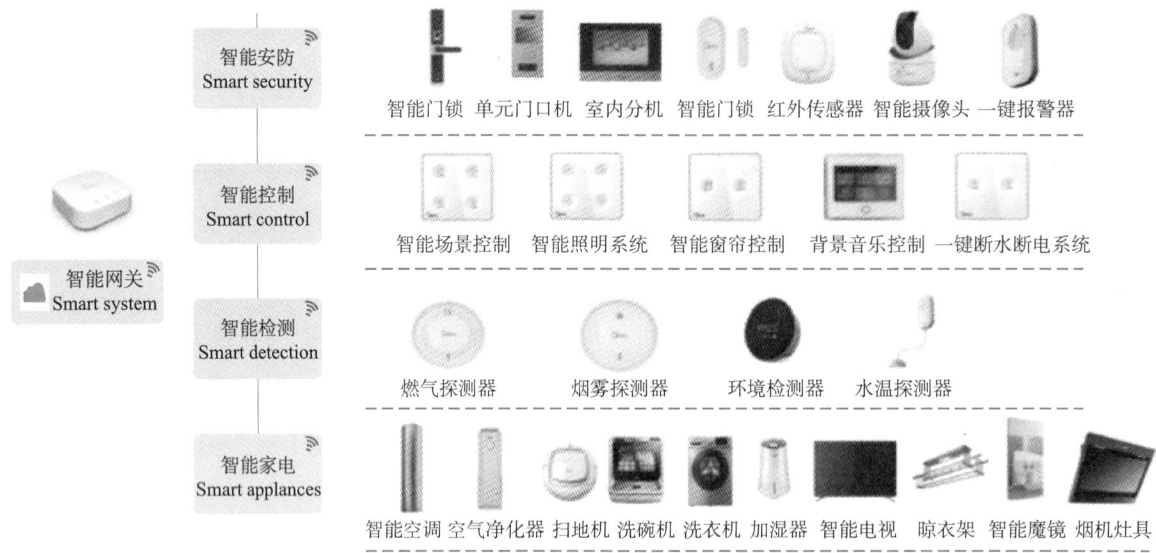

图 7-2　美的智慧家居产品体系图谱

综合实训一　智能窗帘实训

一、实训目的

了解并掌握单片机串口数据收发原理以及 ESP8266-Wi-Fi 模块基本工作模式,通过串口使用 AT 指令控制 Wi-Fi 模块与手机进行通信,从而实现使用手机控制单片机开关窗帘,或者开启自动模式,根据传感器反馈,白天夜晚自动开关窗帘。

二、实训设备

(1)MCS-51 核心板;

(2)光敏传感器模块;

(3)舵机;

(4)ESP8266-Wi-Fi 模块;

(5)ISP 下载器;

(6)电子连线若干。

三、实训原理

单片机通过串口以波特率 9 600 向 ESP8266-Wi-Fi 模块发送 AT 指令,同时获取 ESP8266-Wi-Fi 模块回复的响应结果,例如:单片机发送"AT",Wi-Fi 模块将会回复响应结果"OK",通过这种形式,单片机将首先对 Wi-Fi 模块进行初始化设置,然后等待手机客户端与 Wi-Fi 模块进行连接。连接成功后,用户便可以通过手机客户端对试验箱上的 8 颗 LED 流水灯进行开关操作。ESP8266-Wi-Fi 模块基本 AT 指令示例说明见表 7-1。

表 7-1 ESP8266-Wi-Fi 模块基本 AT 指令示例说明

Wi-Fi 功能 AT 指令		
指 令	说 明	
AT	响应:OK	功能:测试
ATE0	响应:OK	功能:关闭指令回显
AT + GMR	响应:显示版本信息	功能:查看版本信息
AT + RST	响应:ready	功能:模块复位

注:完整的 AT 指令说明请查阅 ESP8266_AT 指令集。

四、实训步骤

(1)将 220 V 交流电接入箱体左侧接口。

(2)将 ISP 下载器的 IDC10 插头插到 MCS-51 核心电路的 ISP 下载接口上,连接下载器到计算机上。

(3)运行 PROGISP Ver 1.72 软件,调入 .Hex 文件,并下载到单片机中。实训接线图如图 7-3 所示。

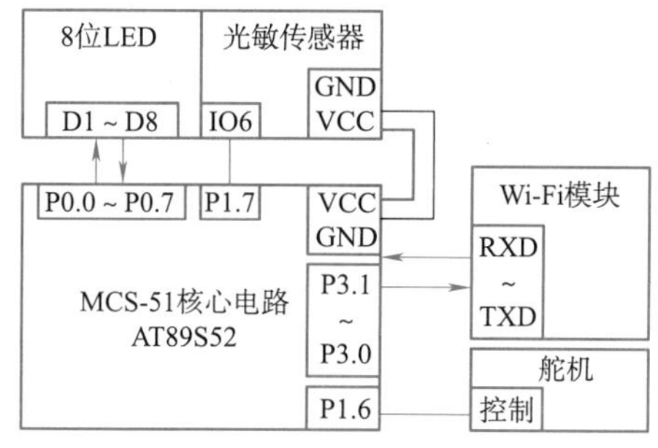

图 7-3 实训接线图

(4)更改单片机程序第 253 行中代表 SSID 的字符串,对应试验箱号将其改为合法的字符串,例如:试验箱 3 的 SSID 设定为:GTAWJ_WX_02_003;试验箱 10 的 SSID 设定为:GTAWJ_WX_02_010;试验箱 16 的 SSID 设定为:GTAWJ_WX_02_0016……以此类推。重新编译程序生成 .Hex 文件并烧写进单片机。

(5)确认连线无误后接通电源。

(6)Wi-Fi 模块上电后单片机将给 Wi-Fi 模块进行初始化设置,当流水灯全部点亮后表示 Wi-Fi 模块初始化完毕。单片机给模块初始化完毕后,流水灯蓝灯及绿灯将交替闪烁,此时表示等待 APP 客户端连接。打开手机 APP,选择控制窗帘实验,然后连接 Wi-Fi(试验前,必须提前在程序内设定好自己实验箱上 Wi-Fi 模块的 SSID 名称,密码禁止更改!)。APP 连接成功后,8 颗 LED 将同时闪三次,表示连接成功。

(7)若流水灯长时间不亮,则表示 Wi-Fi 模块上电复位(Wi-Fi 模块上电自动复位)失败,需重新给 Wi-Fi 模块上电(拨挡开关快速关闭电源并重新上电),最后复位 MCU。

(8)通过手机客户端手动/自动控制窗帘,观察实验现象,在实验结束后进行总结记录。

五、参考例程

```
/************************************************************************/
#include <reg52.h>
#include "string.h"
#define uchar               unsigned char
#define uint                unsigned int
#define CACHE                 buffer[0]
#define CMDFLG_RESET        COMMAND_FLAG = 0
#define RX_MAXSIZE          30                  //指令长度
#define COMMAND_SIZE        5                   //指令个数
#define BUFFER_CORTEX       3                   //开放指令层级
sbit PWM = P1^7;
sbit D_N = P1^6;
uchar idata ag_count,dj_angle;
uchar idata buffer[COMMAND_SIZE][RX_MAXSIZE] = {"a","b","c","d","e"//串口缓冲队列};
volatile uchar idata COMMAND_FLAG = 255;       //指令识别标识
volatile uchar idata counter = 0;
uint ISN = 0;bit trans_flg;
code const uchar * command[COMMAND_SIZE] = {    //指令查找表
     "Erase","0,CONNECT","0,CLOSED","ERROR","default5"};
void init(void)                                 //串口初始化,波特率 9 600
{
    SCON = 0x50;
    TMOD |= 0x21;
    PCON |= 0x80;
    TH1 = 0xfa;
    TR0 = 1;TR1 = 1;
    TH0 = 0xfe;TL0 = 0x33;
    REN = 1;SM0 = 0;
    SM1 = 1;ET0 = 1;
    EA = 1;ES = 1;PS = 1;
}
void delay(uint xms) //ms 延时
{
    uint j;
    for(;xms > 0;xms - -)
        for(j = 110;j > 0;j - -);
}                                               //开窗帘
void Cyc_wise(void)
{
    ISN = 0;
    ag_count = 0;
    dj_angle = 5;
}                                               //关窗帘
void Cyc_anti(void)
{
    ISN = 0;
```

```
        ag_count = 0;
        dj_angle = 1;
    }
    void put_char(uchar chr)                              //串口单字符发送
    {
        ES = 0;
        SBUF = chr;
        while(!TI);
        TI = 0;
        ES = 1;
    }
    static void print_string(uchar * str)                 //串口字符串发送
    {
        while(* str)
        {
            put_char(* str);
            str++;
        }
        put_char('\r');
        put_char('\n');
    }
    void Time_Int() interrupt 1
    {
        if(ISN < 3500)
        {
            TH0 = 0xfe;
            TL0 = 0x33;
            if(ag_count < dj_angle) PWM = 1;
            else PWM = 0;
            ag_count ++;
            ag_count % = 40;
            ISN ++;
        }
    }
    void USART() interrupt 4                              //串口中断接收处理
    {
        uchar loop;
        if(RI)
        {
            RI = 0;
            if(SBUF == 0x0d)
            {                                             //\r 识别串尾开始指令识别
                for(loop = 0;loop < COMMAND_SIZE;loop++)
                if(!strcmp(buffer[0],command[loop]))
                {
                  trans_flg = 1;
                  COMMAND_FLAG = loop;
                  break;
                }
            }
```

```
        else
          loop-1]);
        if(SBUF != 0x0a)
        {
            //\n 识别指令结束,封装字符串送入缓冲队列
            if(!counter)
            {
                if(BUFFER_CORTEX-1)
                  for(loop=1;loop<BUFFER_CORTEX;loop++)
                  strcpy(buffer[BUFFER_CORTEX-loop],
                  buffer[BUFFER_CORTEX - memset(buffer[0],0,sizeof(uchar)* RX_MAXSIZE);
            }
            buffer[0][counter++]=SBUF;
            if(counter>RX_MAXSIZE-2) counter=0;             //缓存不足,从头开始
        }
        else counter=0;
    }
}
/*********************************************
输入:       command:需要输入的 AT 指令
            rec:对应 ESP8266 AT 指令响应
            wait_time:单次输入等待时间
            rep:指令重复次数

返回值:指令获得正确响应返回 0,否则返回 1
*********************************************/
bit ATTX_M1(uchar * command,uchar * rec,uint wait_time,uchar rep)
{
    uchar time_point=1;delay(100);
    while(strcmp(rec,buffer[0]))
    {
        print_string(command);
        delay(wait_time);
        time_point++;
        if(time_point>rep) return 1;
    }
    strcpy(buffer[0],"Erase");
    delay(100);
    return 0;
}
/*********************************************
输入:     command:需要输入的 AT 指令
          rec:对应 ESP8266 AT 指令响应
          over_time:超时时长
返回值:指令获得正确响应返回 0,否则返回 1
*********************************************/
bit ATTX_M2(uchar * command,uchar * rec,uint over_time)
{
    uint time_point=1;delay(100);
    print_string(command);
    while(strcmp(rec,buffer[0]))
```

```
    {
      delay(200);
      if(time_point > over_time/200)
         return 1;
       time_point + +;
    }
    strcpy(buffer[0],"Erase");
    delay(100);return 0;
}
void usart_test(void)                                    //串口识别测试
{
    uchar * p;
    init();
    while(1)
    {
        put_char('1' + COMMAND_FLAG);
        print_string("\r\n");
        p = strtok(buffer[0],":");p = strtok(NULL,":");
       print_string(p);print_string("\r\n");print_string
       (buffer[1]);  print_string("\r\n");print_string
       (buffer[2]);  print_string("\r\n");delay(1000);
    }
}
void my_test(void)                                       //串口识别测试
{
    init(); ATTX_M1("你是谁?","我就是我",1000,100);
    ATTX_M1("你从哪来?","我从来处来",1000,100); ATTX_M1("你到哪去?","我到去处去",1000,100);
    usart_test();
}
/******************************************** ESP8266
参数设定
********************************************/
void Wifi_Reset(void)
{
    origin://通过串口向 ESP8266 发送设定指令,指令未得到正确响应则返回此处重新设定
    P0 = 0xff;delay(500);
    if(ATTX_M2("AT + RST","ready",2000))
        goto origin;
    P0 = 0xfe;delay(500);
    if(ATTX_M1("ATE0","OK",200,10))
        goto origin;                                     //关闭指令回发
    P0 = 0xfc;                                           //进程指示
    if(ATTX_M1("AT","OK",200,10))
        goto origin;                                     //确认状态
```

```
    P0 = 0xf8;                                                  //进程指示
    if(ATTX_M1("AT + CWMODE = 2","OK",200,10))
        goto origin;                                            //设定 ESP8266  为 AP 模式
    P0 = 0xf0;                                                  //进程指示
    if(ATTX_M1("AT + CIPAP = \"192.168.1.1 \"","OK",200,10))
        goto origin;                                            //设定 ESP8266 AP 对应 IP 地址
    P0 = 0xe0;                                                  //进程指示
    if(ATTX_M1("AT + CWSAP_CUR = \"GTAWJ_WX_02_001 \", \"1234567890 \",5,3,2,0","OK",600,10))
        goto origin;                                            //设定 ESP8266 SSID 及 PASSWORD
    P0 = 0xc0;                                                  //进程指示
    if(ATTX_M1("AT + CIPMUX = 1","OK",200,10))
        goto origin;                                            //设定 ESP8266 多线连接模式
      P0 = 0x80;                                                //进程指示
    if(ATTX_M1("AT + CIPSERVER = 1,8888","OK",200,10))
      goto origin;//设定 ESP8266  开启 server 及对应端口号
    P0 = 0x00;                                                  //进程指示 delay(1000);
}
void Thread_M(void)                                             //主线程
{
    uchar idata * p;                                            //设置缓冲
    uchar idata q[20];
    uchar error_count,keep;                                     //获取错误响应计数
    error_count = keep = 0;                                     P0 = 0xaa;
    CMDFLG_RESET;                                               //指令识别表示复位
    strcpy(CACHE,"Erase");                                      //擦除串口缓存,用无关字填充
    wait_for_connect:while(COMMAND_FLAG != 1){delay(200);P0 = ~P0;}
                                                                //等待手机连接
    delay(300);
    print_string("AT + CIPSEND = 0,1");//手机已连接,回复手机连接标记'B'
    delay(200);put_char('B');
    while(strcmp(" + IPD,0,3:B",CACHE))
    {                                                           //手机回复'A'表示控制流水灯,手机回
                                                                  复'B'表示控制窗帘
      delay(200);P0 = ~P0;
      if(COMMAND_FLAG == 2)goto wait_for_connect;
    }
    P0 = 0;delay(100);P0 = ~P0;delay(100);
    P0 = ~P0;delay(100);P0 = ~P0;delay(100);
    P0 = ~P0;delay(100);P0 = ~P0;delay(100);
    P0 = ~P0;delay(100);P0 = ~P0;
    memset(buffer[0],0,sizeof(uchar) * RX_MAXSIZE);             //擦除串口缓存
    while(1)
    {
      if(COMMAND_FLAG == 2 || error_count > 3)break;            //若 ESP8266 响应手机失联(手机主动断
                                            开连接)或者获得错误响应次数达到 5 次则重新设定 ESP8266
      if(COMMAND_FLAG == 3)
      {                                          //获得 ESP8266 错误响应,错误计数,同时擦除串口缓存
```

```
            error_count + + ;memset(buffer[0],0,sizeof(uchar) * RX_MAXSIZE);CMDFLG_RESET;
        }
        if(strlen(CACHE) <11 && strlen(CACHE) >8)          //获得手机发送同时被 ESP8266 处理过的
                                                              数据包,对其长度进行确认,避免丢包
        strcpy(q,CACHE);
        if(!strcmp(" + IPD",strtok(q,",")))
        {              //解析数据,获得指令,截取字符串" + IPD,0,1:"后的数据然后对"窗帘"进行操作
            p = strtok(NULL,":");
            p = strtok(NULL,":");
            print_string(p);
            if((* p) = = 0x01) Cyc_wise();
                //开窗帘
                //关窗帘
                if((* p) = = 0x02) Cyc_anti();
                      strcpy(CACHE,"Erase");CMDFLG_RESET;
            delay(50);
        }
        delay(10);
        keep + +;
        if(keep >50)
        {
            if(!ATTX_M2("AT + CIPSEND = 0,1","ERROR",200))break;
            if(D_N)put_char(0x10);
            else put_char(0x20);        //向手机发送当前昼夜状态'0x10'表示白天,'0x20'表示晚上
            keep = 0;
        }
    }
    P0 = 0xff;print_string("i'm out");
}
void user_task(void)
{
    init();
    Wifi_Reset();
    Thread_M();
}
void main(void)
{
    user_task();
}
/*************************************************************************************/
```

综合实训二　智能灯光控制实训

一、实训目的

了解并掌握单片机串口数据收发原理以及 ESP8266-Wi-Fi 模块基本工作模式,通过串口使用 AT 指令控制 Wi-Fi 模块与手机进行通信,从而实现使用手机控制单片机点亮 LED。

二、实训设备

(1)MCS-51 核心板;

(2)Wi-Fi 模块;

(3)8 位 LED;

(4)ISP 下载器;

(5)电子连线若干;

(6)智能灯光系统 APP。

三、实训原理

单片机通过串口以波特率 9 600 向 ESP8266-Wi-Fi 模块发送 AT 指令,同时获取 ESP8266-Wi-Fi 模块回复的响应结果,例如:单片机发送“AT”,Wi-Fi 模块将会回复响应结果“OK”,通过这种形式单片机将首先对 Wi-Fi 模块进行初始化设置,然后等待手机客户端与 Wi-Fi 模块进行连接。连接成功后,用户便可以通过手机客户端对试验箱上的 8 颗 LED 流水灯进行开关操作。ESP8266-Wi-Fi 模块基本 AT 指令示例说明见表 7-2。

表 7-2 ESP8266-Wi-Fi 模块基本 AT 指令示例说明:

Wi-Fi 功能 AT 指令		
指　　令	说　　明	
AT	响应:OK	功能:测试
ATE0	响应:OK	功能:关闭指令回显
AT + GMR	响应:显示版本信息	功能:查看版本信息
AT + RST	响应:ready	功能:模块复位

注:完整的 AT 指令说明请查阅附件资料 ESP8266_AT 指令集。

四、实训步骤

(1)将 220 V 交流电接入箱体左侧接口。

(2)将 ISP 下载器的 IDC10 插头插到 MCS-51 核心电路的 ISP 下载接口上,连接下载器到计算机上。

(3)运行 Progisp Ver1. 72 软件,调入 . Hex 文件,并下载到单片机中。实训接线图如图 7-4 所示。

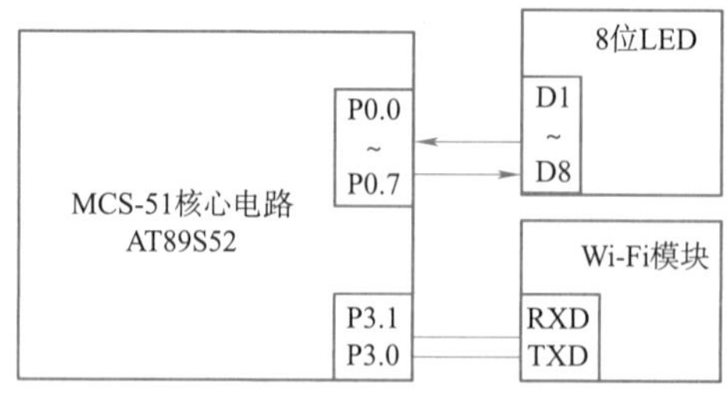

图 7-4　实训接线图

(4)更改单片机程序第 253 行中代表 SSID 的字符串,对应实验箱号将其改为合法的字符串,例如:实验箱 3 的 SSID 设定为:GTAWJ_WX_02_003,实验箱 10 的 SSID 设定为:GTAWJ_WX_02_010,实验箱 16 的 SSID 设定为:GTAWJ_WX_02_0016……以此类推;重新编译程序生成 . Hex 文件并烧写进

单片机。

(5)确认连线无误后接通电源。

(6)Wi-Fi模块上电后单片机将给Wi-Fi模块进行初始化设置,当流水灯全部点亮后表示Wi-Fi模块初始化完毕。单片机给模块初始化完毕后,流水灯蓝灯及绿灯将交替闪烁,此时表示等待APP客户端连接。打开手机APP,选择控制流水灯实验,然后连接Wi-Fi(实验前,必须提前在程序内设定好自己实验箱上Wi-Fi模块的SSID名称,密码禁止更改)。APP连接成功后,8颗LED将同时闪三次,表示连接成功。

(7)若流水灯长时间不亮,则表示Wi-Fi模块上电复位(Wi-Fi模块上电自动复位)失败,请重新给Wi-Fi模块上电(拨挡开关快速关闭电源并重新上电),最后复位MCU。

(8)通过手机客户端控制8颗LED,观察实验现象,在实验结束后进行总结记录。

五、参考例程

```
    * 本实训开始前必须更改程序代码第 253 行设定 Wi-Fi 的 SSID(即 Wi-Fi 热点名称)必须设定成规定的名称,
其他参数禁止更改,否则导致手机 APP 无法识别,实验将出错,更改完成后重新编译生成.Hex 文件并烧写进单片机;
    * 示例:
    *      实验箱 3          SSID 设定为 GTAWJ_WX_02_003;
    *      实验箱 10         SSID 设定为 GTAWJ_WX_02_010;
    *      实验箱 16         SSID 设定为 GTAWJ_WX_02_016;
    *      依此类推
    ***********************************************************************/
    #include <reg52.h>
    #include"string.h"
    uchar idata buffer[COMMAND_SIZE][RX_MAXSIZE] = {"a","b","c","d","e"  };   //串口缓冲队列
    volatile uchar idata COMMAND_FLAG = 255;                                  //指令识别标识
    volatile uchar idata counter = 0;
    bit trans_flg;
    code const uchar * command[COMMAND_SIZE] = {"Erase","0,CONNECT","0,CLOSED","ERROR",
"default5"};                                                                  //指令查找表
    void init(void)                                                  //串口初始化,波特率 9 600
    {
       SCON = 0x50;
       TMOD |= 0x20;
       PCON |= 0x80;
       TH1 = 0xfa;
       TR1 = 1;REN = 1;SM0 = 0;SM1 = 1;
       EA = 1;ES = 1;PS = 1;
    }
    void delay(uint xms)                                                      //ms 延时
    {
        uint j;for(;xms > 0;xms --)
        for(j = 110;j > 0;j --);
    }
    void put_char(uchar chr)                                                  //串口单字符发送
    {
```

```
        ES = 0;
        SBUF = chr;while( !TI);
        TI = 0;
        ES = 1;
    }
    static void print_string(uchar * str)          //串口字符串发送
    {
        while(* str)
        {
            put_char(* str);
            str ++;
        }
        put_char('\r');
        put_char('\n');
    }
    void USART() interrupt 4                       //串口中断接收处理
    {
        uchar loop; if(RI)
        {
            RI = 0;
            if(SBUF = = 0x0d)
            {                                      //\r 识别串尾开始指令识别
                for(loop = 0;loop < COMMAND_SIZE;loop + +)
                if(!strcmp(buffer[0],command[loop]))
                {
                    trans_flg = 1;COMMAND_FLAG = loop;
                    break;
                else
            }
        }
        if(SBUF ! = 0x0a)
        {
                                                   //\n 识别指令结束,封装字符串送入缓冲队列
            if(!counter)
            {
                if(BUFFER_CORTEX-1)
                    for(loop = 1;loop < BUFFER_CORTEX;loop + +)
                        strcpy(buffer[BUFFER_CORTEX-loop],buffer[BUFFER_CORTEX-loop-1]);
                    memset(buffer[0],0,sizeof(uchar) * RX_MAXSIZE);
            }
            buffer[0][counter + + ] = SBUF;
            if(counter > RX_MAXSIZE-2)
                counter = 0;                       //缓存不足,从头开始
            }
            else
                counter = 0;
        }
    }
    /*******************************************
    输入: command:  需要输入的 AT 指令;
        rec:  对应 ESP8266 AT 指令响应
```

```
    wait_time:单次输入等待时间;
  rep:指令重复次数
返回值:指令获得正确响应返回0,否则返回1
********************************************/
bit ATTX_M1(uchar * command,uchar * rec,uint wait_time,uchar rep)
{
    uchar time_point = 1;
    delay(100);
    while(strcmp(rec,buffer[0]))
    {
        print_string(command); delay(wait_time);time_point + +;
        if(time_point > rep)
            return 1;
    }
    strcpy(buffer[0],"Erase");delay(100);
    return 0;
}
/********************************************
输入:command:  需要输入的AT指令;
    rec:对应ESP8266 AT指令响应
    over_time:超时时长

返回值:指令获得正确响应返回0,否则返回1
********************************************/
bit  ATTX_M2(uchar * command,uchar * rec,uint over_time)
{
    uint time_point =1;delay(100);
    print_string(command);
    while(strcmp(rec,buffer[0]))
    {
        delay(200);
        if(time_point > over_time/200)
            return 1;
        time_point + +;
    }
    strcpy(buffer[0],"Erase");
    delay(100);
    return 0;
}
/********************************************
串口识别测试
********************************************/
void usart_test(void)
{
    uchar * p; init();
    while(1)
    {
```

```
        put_char('1' + COMMAND_FLAG);print_string("\r\n");
        p = strtok(buffer[0],":");
        p = strtok(NULL,":");print_string(p);print_string("\r\n");
        print_string(buffer[1]);print_string("\r\n");print_string(buffer[2]);
        print_string("\r\n"); delay(1000);
    }
}
/*******************************************
串口识别测试
*******************************************/
void my_test(void)
{
    init(); ATTX_M1("你是谁?","我就是我",1000,100);
    ATTX_M1("你从哪来?","我从来处来",1000,100);
    ATTX_M1("你到哪去?","我到去处去",1000,100);
    usart_test();
}
/*******************************************
ESP8266 参数设定
*******************************************/
void Wifi_Reset(void)
{   //新设定 origin:通过串口向 ESP8266 发送设定指令,指令未获得正确响应则返回此处重
    P0 = 0xff;delay(500);
    if(ATTX_M2("AT + RST","ready",2000))
        goto origin;
    P0 = 0xfe;delay(500);
    if(ATTX_M1("ATE0","OK",200,10))
        goto origin;                                    //关闭指令回发
    P0 = 0xfc;                                          //进程指示
    if(ATTX_M1("AT","OK",200,10))
        goto origin;                                    //确认状态
    P0 = 0xf8;                                          //进程指示
    if(ATTX_M1("AT + CWMODE = 2","OK",200,10))
        goto origin;                                    //设定 ESP8266  为 AP 模式
    P0 = 0xf0;                                          //进程指示
    if(ATTX_M1("AT + CIPAP = \"192.168.1.1\"","OK",200,10))
        goto origin;                                    //设定 ESP8266 AP 对应 IP 地址
    P0 = 0xe0;                                          //进程指示
    if(ATTX_M1("AT + CWSAP_CUR = \"GTAWJ_WX_02_001\", \"1234567890\",5,3,2,0","OK",600,10))
        goto origin;                                    //设定 ESP8266 SSID 及 PASSWORD
    P0 = 0xc0;                                          //进程指示
    if(ATTX_M1("AT + CIPMUX = 1","OK",200,10))
        goto origin;                                    //设定  ESP8266 多线连接模式
    P0 = 0x80;                                          //进程指示
    if(ATTX_M1("AT + CIPSERVER = 1,8888","OK",200,10))
        goto origin;                                    //设定 ESP8266 开启 server 及对应端口号
    P0 = 0x00;                                          //进程指示
    delay(1000);
}
```

```
void Thread_M(void)                                           //主线程
{
    uchar idata * p;                                          //设置缓冲
    uchar error_count,keep;                                   //获取错误响应计数
    error_count = keep = 0;P0 = 0xaa;
    CMDFLG_RESET;                                             //指令识别表示复位
    strcpy(CACHE,"Erase");                                    //擦除串口缓存,用无关字填充
    wait_for_connect:while(COMMAND_FLAG != 1)
    {delay(200);P0 = ~P0;}                                    //等待手机连接
    delay(300);
    print_string("AT+CIPSEND=0,1");                           //手机已连接,回复手机连接标记0xff
    delay(200);put_char('A');
    while(strcmp("+IPD,0,3:A",CACHE))
    {                            //手机回复'A'表示控制流水灯,手机回复'B'表示控制窗帘
        delay(200);P0 = ~P0;
        if(COMMAND_FLAG ==2)
          goto wait_for_connect;
      }
      P0 =0;delay(100);
      P0 = ~P0;delay(100);
      P0 = ~P0;delay(100);
      P0 = ~P0;delay(100);
      P0 = ~P0;delay(100);
      P0 = ~P0;delay(100);
      P0 = ~P0;delay(100);
      P0 = ~P0;
      memset(buffer[0],0,sizeof(uchar)* RX_MAXSIZE);   //擦除串口缓存
      while(1)
      {
          if(COMMAND_FLAG ==2 ||error_count >5)
              break;                                    //若ESP8266响应手机失联(手机主动断
                                  开连接)或者获得错误响应次数达到5次则重新设定ESP8266
          if(COMMAND_FLAG ==3)
          {
                //获得ESP8266错误响应,错误计数,同时擦除串口缓存
                error_count++;
                memset(buffer[0],0,sizeof(uchar)* RX_MAXSIZE);
                CMDFLG_RESET;
            }
          if(strlen(CACHE) <11 && strlen(CACHE) >8)       //获得手机发送同时被ESP8266处理过的
                                                            数据包,对其长度进行确认,避免丢包
          if(!strcmp("+IPD",strtok(CACHE,",")))
          {
              //解析数据,获得指令,截取字符串"+IPD,0,1:"后的数据然后对LED进行对应操作
              p = strtok(NULL,":");
              p = strtok(NULL,":");P0 = ~(* p);
```

```
                //根据客户端监听按钮获得值控制 8 颗 LED
                strcpy(CACHE,"Erase");CMDFLG_RESET;
                delay(50);
            }
            delay(50);
            keep ++;
            if(keep>100)
            {
                if(!ATTX_M2("AT+CIPSEND=0,1","ERROR",200))break;
                put_char(0xff);keep=0;
            }
        }
        P0=0xff;                                        //若进程结束,则关闭所有 LED
        print_string("i'm out");
    }
    void user_task(void)
    {
        init();
        Wifi_Reset();
        Thread_M();
    }
    void main(void)
    {
        user_task();
    }
/***************************************************************************/
```

综合实训三　智能控温系统实训

一、实训目的

了解温度传感器 DS18B20 的底层驱动程序控制原理,并且懂得如何去使用单片机采集上来的温度数据进行智能控温工作。

二、实训设备

(1)MCS-51 核心板;

(2)智能控温模块;

(3)数码管;

(4)继电器;

(5)ISP 下载器;

(6)电子连线若干。

三、实训原理

1. 器件概述

独特的单线接口仅需一个端口引脚进行通信,每个器件有唯一的 64 位的序列号存储在内部存储器中,简单的多点分布式测温应用,无须外部器件,可通过数据线供电。供电范围为3.0~5.5 V,测温范围为-55~+125 ℃,在-10~+85 ℃范围内精确度为±5 ℃,温度计分辨率可以被使用者选择为9~12位,最多在750 ms内将温度转换为12位数字,用户可定义的非易失性温度报警设置,报警搜索命令识别并标志超过程序限定温度(温度报警条件)的器件,应用包括温度控制、工业系统、消费品、温度计或任何热感测系统。DS18B20 8脚SOIC封装引脚说明见表7-3。

表7-3　DS18B20 8脚SOIC封装引脚说明

8引脚SOIC封装	T0-9封装	符　号	说　　明
5	1	GND	接地
4	2	DQ	数据输入/输出引脚。对于单线操作:漏极开路。当工作在寄生电源模式时用来提供电源
3	3	VDD	可选的VDD引脚。工作于寄生电源模式时VDD必须接地

2. 测温操作

DS18B20的核心功能是它的直接读数字的温度传感器。温度传感器的精度为用户可编程的9位、10位、11位或12位,分别以0.5 ℃、0.25 ℃、0.125 ℃和0.062 5 ℃增量递增。在上电状态下默认的精度为12位。DS18B20启动后保持低功耗等待状态。当需要执行温度测量和A/D转换时,总线控制器必须发出“44 H”命令。在此之后,产生的温度数据以两个字节的形式被存储到高速暂存器的温度寄存器中,DS18B20继续保持等待状态。当DS18B20由外部电源供电时,总线控制器在温度转换指令之后发起“读时序”,DS18B20正在温度转换中返回0,转换结束返回1。如果DS18B20由寄生电源供电,除非在进入温度转换时总线被一个强上拉拉高,否则将不会有返回值。DS18B20温度寄存器格式如图7-5所示。

	bit 7	bit 6	bit 5	bit 4	bit 3	bit 2	bit 1	bit 0
LS Byte	2^3	2^2	2^1	2^0	2^{-1}	2^{-2}	2^{-3}	2^{-4}
	bit 15	bit 14	bit 13	bit 12	bit 11	bit 10	bit 9	bit 8
MS Byte	S	S	S	S	S	2^6	2^5	2^4

图7-5　**DS18B20**温度寄存器格式

3. 电路原理

智能控温电路原理图如图7-6所示。

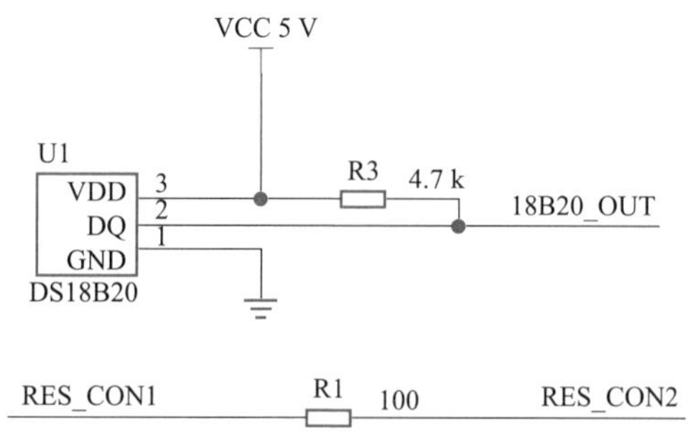

图7-6　智能控温电路原理图

四、实训步骤

(1)将220 V交流电接入箱体左侧接口。

(2)将ISP下载器的IDC10插头插到MCS-51核心电路的ISP下载接口上,连接下载器到计算机上。

(3)运行Progisp Ver1.72软件,调入.Hex文件,并下载到单片机中。实训接线图如图7-7所示。

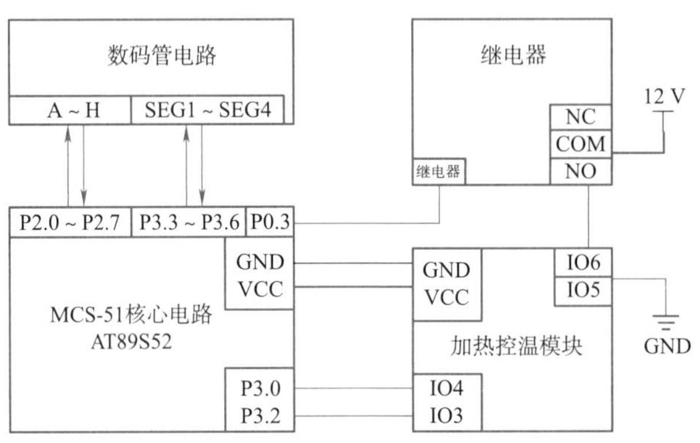

图7-7　实训接线图

(4)确认连线无误后将所使用到的各个电路电源拨动开关拨至ON挡接通电源。

(5)按下MCU模块复位键(RST)。

(6)加热电路将温度控制在32 ℃上下。

(7)观察实验现象,在实验结束后进行总结记录。

五、参考例程

```
/*********************************************************************/
#include <reg52.h>
#include "string.h"
uchar idata buffer[COMMAND_SIZE][RX_MAXSIZE] = {"a","b","c","d","e"  };  //串口缓冲队列
volatile uchar idata COMMAND_FLAG = 255;                                  //指令识别标识
volatile uchar idata counter = 0;
bit trans_flg;
code const uchar * command[COMMAND_SIZE] = {                              //指令查找表
        "Erase","0,CONNECT","0,CLOSED","ERROR","default5"};
void init(void) //串口初始化波特率 9600
{
    SCON = 0x50;TMOD |= 0x20; PCON |= 0x80;
    TH1  = 0xfa;
    TR1 = 1;REN = 1;SM0 = 0;SM1 = 1;
    EA = 1;ES = 1;PS = 1;
}
void delay(uint xms)                                                      //ms 延时
{
    uint j;
    for(;xms > 0;xms --)
```

```
    for(j =110;j >0;j - -);
}
void put_char(uchar chr)                              //串口单字符发送
{
    ES =0;
    SBUF = chr;while( !TI);TI =0;
    ES =1;
}
static void print_string(uchar * str)                 //串口字符串发送
{
    while( * str){
        put_char( * str);str + +;
    }
    put_char( '\r');
    put_char( '\n');
}
void USART() interrupt 4                              //串口中断接收处理
{
    uchar loop;
    if(RI)
    {
        RI =0;
        if(SBUF = =0x0d)
        {                                             //\r 识别串尾开始指令识别
          for(loop =0;loop < COMMAND_SIZE;loop + +)
          if( !strcmp(buffer[0],command[loop]))
          {
              trans_flg =1;COMMAND_FLAG = loop;
              break;
          }
        }
        Else if(SBUF ! =0x0a)
        {
          //   \n 识别指令结束,封装字符串送入缓冲队列
          if( !counter)
          {
                if(BUFFER_CORTEX-1)
                    for(loop =1;loop < BUFFER_CORTEX;loop + +)
                      strcpy(buffer[BUFFER_CORTEX-loop],buffer[BUFFER_CORTEX-loop-1]);
                    memset(buffer[0],0,sizeof(uchar) * RX_MAXSIZE);
          }
          buffer[0][counter + +] = SBUF;
          if(counter > RX_MAXSIZE-2) counter =0;                 //缓存不足,从头开始
        }
        else counter =0;
    }
}
/*********************************************
```

```
输入:  command:             需要输入的 AT 指令
       rec:                 对应 ESP8266 AT 指令响应
       wait_time:           单次输入等待时间
       rep:                 指令重复次数
返回值:指令获得正确响应返回 0,否则返回 1
*******************************************/
bit ATTX_M1(uchar * command,uchar * rec,uint wait_time,uchar rep)
{
    uchar time_point =1;delay(100);
    while(strcmp(rec,buffer[0]))
    {
        print_string(command);delay(wait_time);time_point++;
        if(time_point > rep) return 1;
    }
    strcpy(buffer[0],"Erase");delay(100);
    return 0;
}
/*******************************************
输入:  command:             需要输入的 AT 指令
       rec:                 对应 ESP8266 AT 指令响应
       over_time:           超时时长
返回值:指令获得正确响应返回 0,否则返回 1
*******************************************/
bit ATTX_M2(uchar * command,uchar * rec,uint over_time)
{
    uint time_point =1;delay(100);print_string(command);
    while(strcmp(rec,buffer[0]))
    {
        delay(200);
        if(time_point > over_time/200) return 1;time_point++;
    }
    strcpy(buffer[0],"Erase");delay(100);
    return 0;
}
/** 串口识别测试*********************************************/
void usart_test(void)
{
    uchar * p;init();
    while(1)
    {
        put_char('1'+COMMAND_FLAG);print_string("\r\n");
        p=strtok(buffer[0],":");
        p=strtok(NULL,":");
        print_string(p);
        print_string("\r\n");
        print_string(buffer[1]);
        print_string("\r\n");
        print_string(buffer[2]);
```

```
        print_string("\r\n");
        delay(1000);
    }
}
//* 串口识别测试**********************************************/
void my_test(void)
{
    init();ATTX_M1("你是谁?","我就是我",1000,100);
    ATTX_M1("你从哪来?","我从来处来",1000,100);
    ATTX_M1("你到哪去?","我到去处去",1000,100);
    usart_test();
}
/*************************ESP8266 参数设定******************************/
void Wifi_Reset(void)
{
    //origin://通过串口向 ESP8266 发送设定指令,指令未获得正确响应则返回此处//
    P0=0xff;delay(500);
    if(ATTX_M2("AT+RST","ready",2000))
      goto origin;
    P0=0xfe;delay(500);
    if(ATTX_M1("ATE0","OK",200,10))
      goto origin;                //关闭指令回发
    P0=0xfc;                      //进程指示
    if(ATTX_M1("AT","OK",200,10))
      goto origin;                //确认状态
    P0=0xf8;                      //进程指示
    if(ATTX_M1("AT+CWMODE=2","OK",200,10))
      goto origin;                //设定 ESP8266 为 AP 模式
    P0=0xf0;                      //进程指示
    if(ATTX_M1("AT+CIPAP=\"192.168.1.1\"","OK",200,10))
      goto origin;                //设定 ESP8266 AP 对应 IP 地址
    P0=0xe0;                      //进程指示
    if(ATTX_M1("AT+CWSAP_CUR=\"GTAWJ_WX_02_001\",\"1234567890\",5,3,2,0","OK",600,10))
      goto origin;                //设定 ESP8266 SSID 及 PASSWORD
    P0=0xc0;                      //进程指示
    if(ATTX_M1("AT+CIPMUX=1","OK",200,10))
      goto origin;                //设定 ESP8266 多线连接模式
    P0=0x80;                      //进程指示
    if(ATTX_M1("AT+CIPSERVER=1,8888","OK",200,10))
      goto origin;                //设定 ESP8266 开启 server 及对应端口号
    P0=0x00;                      //进程指示
    delay(1000);
}
void Thread_M(void)               //主线程
{
    uchar idata * p;              //设置缓冲
    uchar error_count,keep;       //获取错误响应计数
    error_count=keep=0;P0=0xaa;
```

```
CMDFLG_RESET;                               //指令识别表示复位
strcpy(CACHE,"Erase");                      //擦除串口缓存,用无关字填充
wait_for_connect:while(COMMAND_FLAG !=1){delay(200);P0 = ~P0;}//等待手机连接
delay(300);
print_string("AT+CIPSEND=0,1");             //手机已连接,回复手机连接标记 0xff
delay(200);put_char('A');
while(strcmp("+IPD,0,3:A",CACHE))
{                                           //手机回复'A'表示控制流水灯,手机回复'B'表示控制
                                              窗帘
    delay(200);P0 = ~P0;
    if(COMMAND_FLAG = =2)
        goto wait_for_connect;
}
P0 =0;delay(100);
P0 = ~P0;delay(100);
P0 = ~P0;delay(100);
P0 = ~P0;delay(100);
P0 = ~P0;delay(100);
P0 = ~P0;delay(100);
P0 = ~P0;delay(100);
P0 = ~P0;
memset(buffer[0],0,sizeof(uchar)* RX_MAXSIZE);                  //擦除串口缓存
while(1)
{
    if(COMMAND_FLAG = =2 ||error_count >5)break;
    //ESP8266 响应手机失联(手机主动断开连接)或者获得错误响应次数达到 5 次则重新设定 ESP8266
    if(COMMAND_FLAG = =3)
    {
    //获得 ESP8266 错误响应,错误计数,同时擦除串口缓存
        error_count + +;memset(buffer[0],0,sizeof(uchar)* RX_MAXSIZE);CMDFLG_RESET;
    }
    if(strlen(CACHE) <11 && strlen(CACHE) >8)//获得手机发送同时被 ESP8266 处理过的数据包,
                                                 对其长度进行确认,避免丢包
        if(!strcmp("+IPD",strtok(CACHE,",")))
        {                                   //解析数据,获得指令,截取字符串 "+IPD,0,1:"后的数
                                              据然后对 LED 进行对应操作
            p=strtok(NULL,":");
            p=strtok(NULL,":");P0 = ~(* p);
            //根据客户端监听按钮获得值控制 8 颗 LED
            strcpy(CACHE,"Erase");CMDFLG_RESET;
            delay(50);
        }
        delay(50);keep + +;
        if(keep >100)
        {
            if(!ATTX_M2("AT+CIPSEND=0,1","ERROR",200))break;
```

```
            put_char(0xff);keep=0;
        }
    }
    P0=0xff;
    //若进程结束,则关闭所有LED
    print_string("i'm out");
}
void user_task(void)
{
    init();
    Wifi_Reset();
    Thread_M();
}
void main(void)
{
    user_task();
}
/*******************************************************************************/
```

小结

(1)智能家居具有防盗、防火、防煤气泄漏等功能,可实现灯光控制、电动窗帘控制、空调和地暖等温度控制、新风控制等实用功能等。通过节能探测器执行节能场景,可以有效节约能源,通过Wi-Fi技术的应用,可以控制智能家居,不限时间和地点。

(2)智能家居的系统主要有:智慧照明、智慧安防、影音娱乐、智慧健康、环境检测,以及智慧洗浴、智慧空气、智慧美食、智慧晾晒等;也可以按照空间划分为智慧玄关、智慧客餐厅、智慧厨房、智慧卧室、智慧浴室、智慧阳台等。

附录A

开发环境介绍

Keil μVision4:用于51单片机程序的编写和转换成可烧录的.Hex文件。

Progisp Ver1.72:用于将.Hex文件烧录到51单片机中。

一、Keil μVision4的基本使用方法

安装完成后双击桌面图标,打开Keil(注意:要进行51单片机的开发,因此Keil版本注意选择Keil C51)。打开后的界面如图A-1所示。

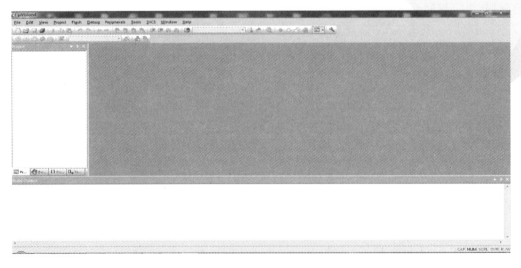

图A-1 点击打开后界面

Keil的一般使用步骤是先建立工程,然后向工程中加入程序文件(一般是以.c为扩展名的C语言文件)进行编译(如发现错误要改正错误),生成.Hex烧录文件,操作步骤如下。

1. 建立工程

选择菜单栏上的 Project→New μVision Project 命令,如图 A-2 所示。

弹出如图附 A-3 所示的窗口,该窗口用于选择保存建立工程的位置及确定建立工程的名字(由于 Keil 工程的文件比较多,建议一个工程建立一个文件夹保存)。首先在①处选择保存工程的文件夹(就是工程的保存位置),接着在②处填入建立工程的名字,最后单击③处完成此窗口的操作。

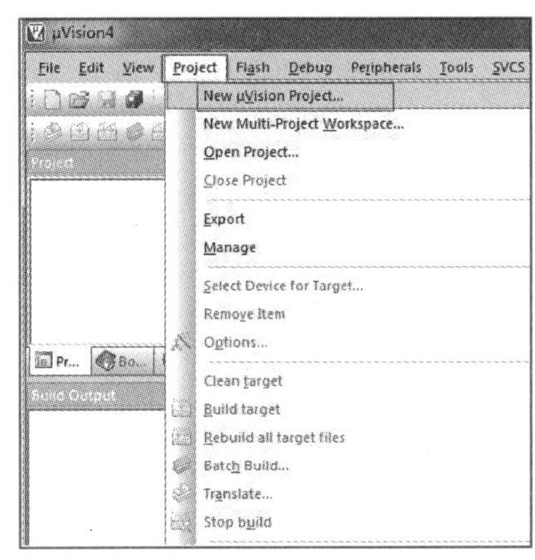

图 A-2 点击新建工程后界面

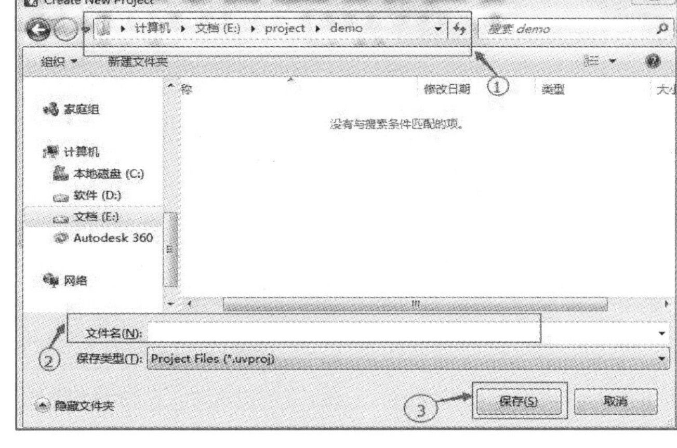

图 A-3 选择新建工程后界面

接着弹出如图 A-4 所示的窗口,该窗口可以选择单片机,比如使用的 AT89S52 单片机,就选择 Atmel 公司 AT89S52,如图 A-5 所示。

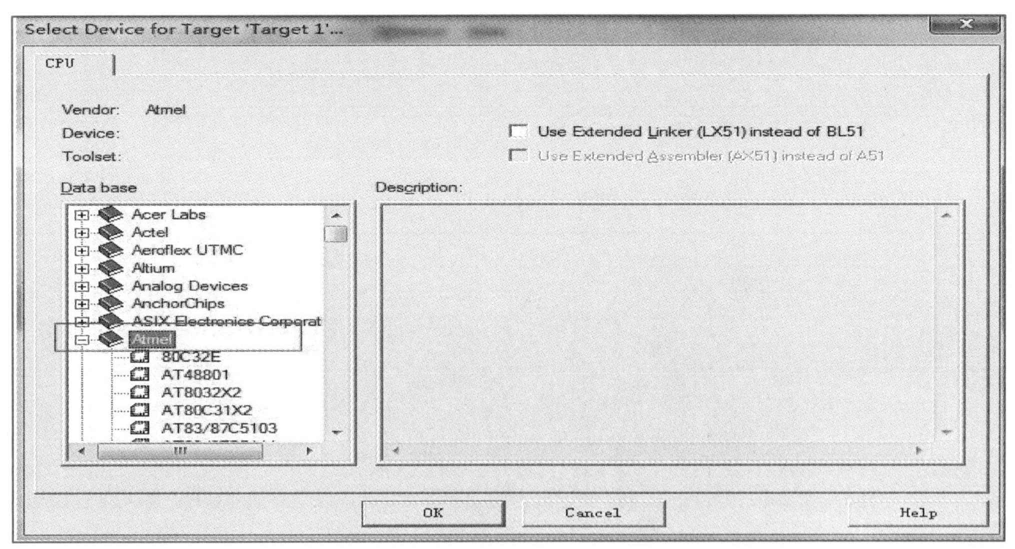

图 A-4 选择单片机弹出界面

选择 AT89S52 后单击 OK 按钮,弹出复制 8051 启动代码到工程文件夹并加入工程,如果用汇编语言写程序,则应当选择“否(N)”,如果用 C 语言写程序,一般也选择“否(N)”。但是,如果用到某些增强功能需要初始化配置时,则可以选择“是(Y)”,否则选择“否(N)”,如图 A-6 所示,即不添加启动代码。

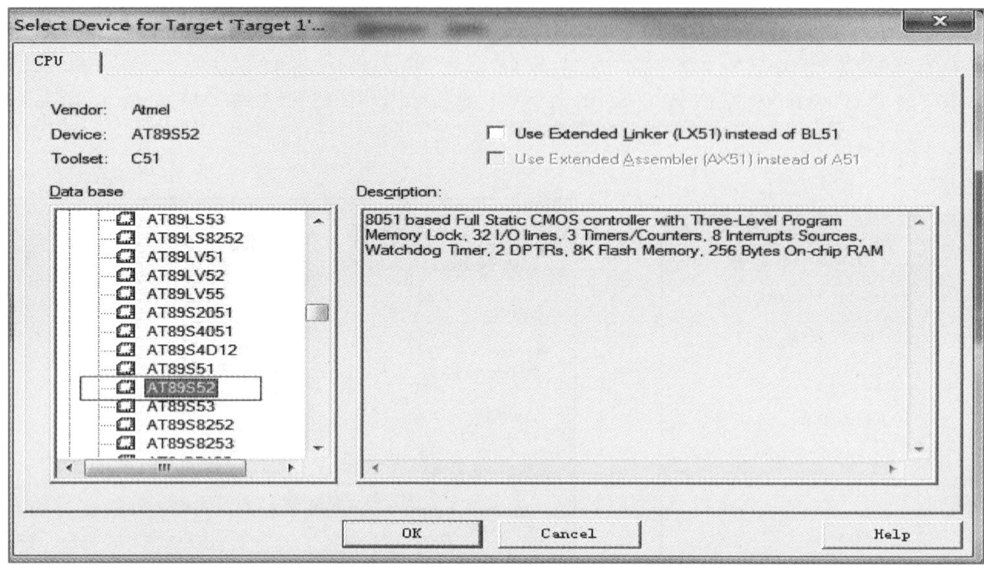

图 A-5　选择单片机型号界面

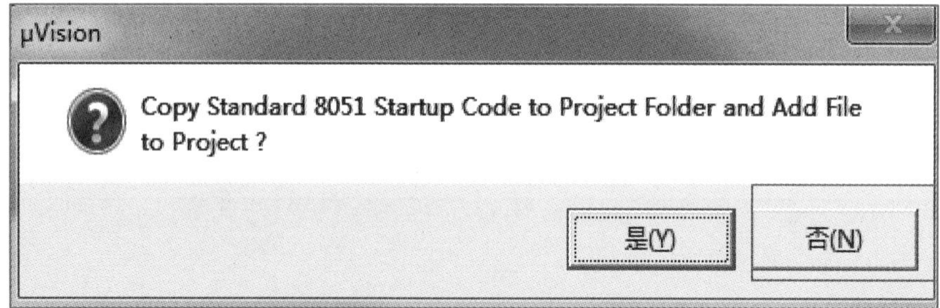

图 A-6　选好单片机后弹出界面

至此,工程的建立完成。完成后在左侧的 Project 栏下出现 Target1,界面如图 A-7 所示。

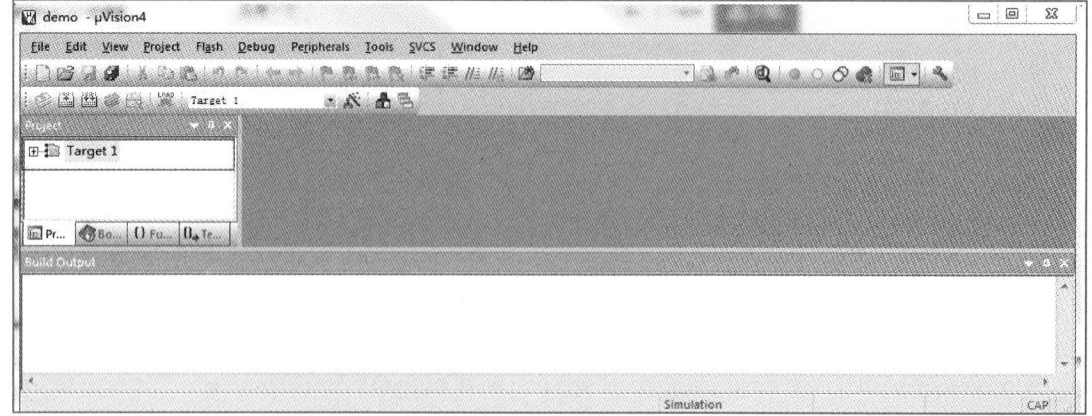

图 A-7　工程的建立完成后界面

2. 建立程序文件并编译

只有工程文件是无法完成任何工作的，还需要编写程序文件并把其加入工程当中才能进行编译生成烧录的 . Hex 文件。

(1)建立程序文件

要建立程序文件可以选择如图 A-8 所示菜单栏上的 File→New 命令，或者使用快捷键【Ctrl + N】。

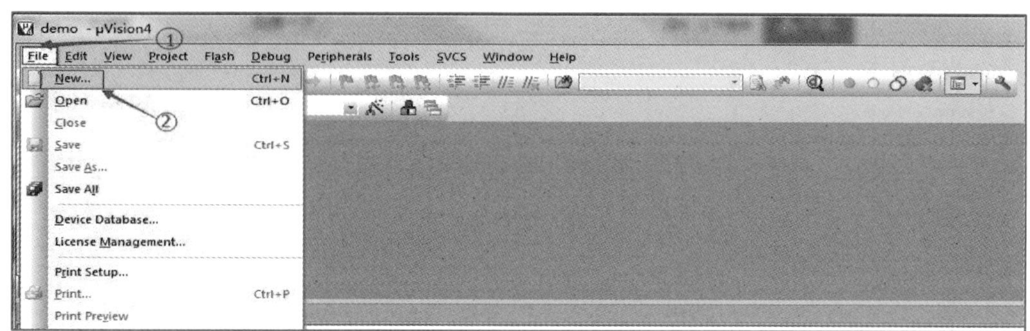

图 A-8　建立程序文件界面

或者单击工具栏新建按钮，如图 A-9 所示。

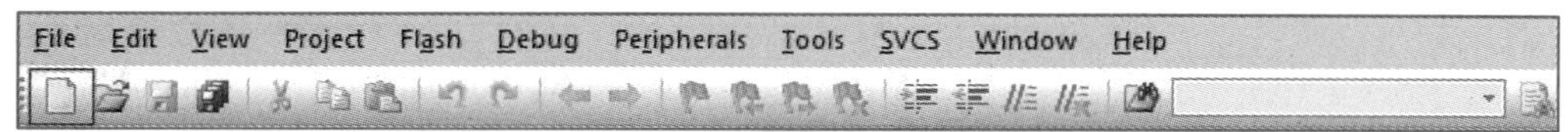

图 A-9　工具栏中选择新建界面

完成后在工作区出现 Text1 标签，界面如图 A-10 所示。

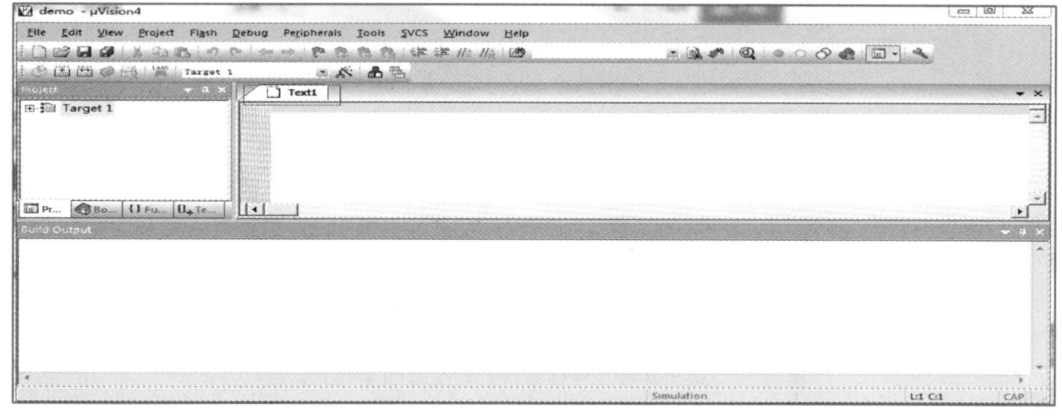

图 A-10　完成新建后弹出界面

然后选择 File→Save 命令或者使用【Ctrl + S】快捷键，如图 A-11 所示。

或者单击工具栏的“保存”按钮，如图 A-12 所示。

弹出选择文件保存地址和文件命名的对话框，如图 A-13 所示。默认位置是工程所在文件夹一般不要更换，文件名可以命名为与工程同名，用 C 语言编写的程序文件扩展名是 . c。

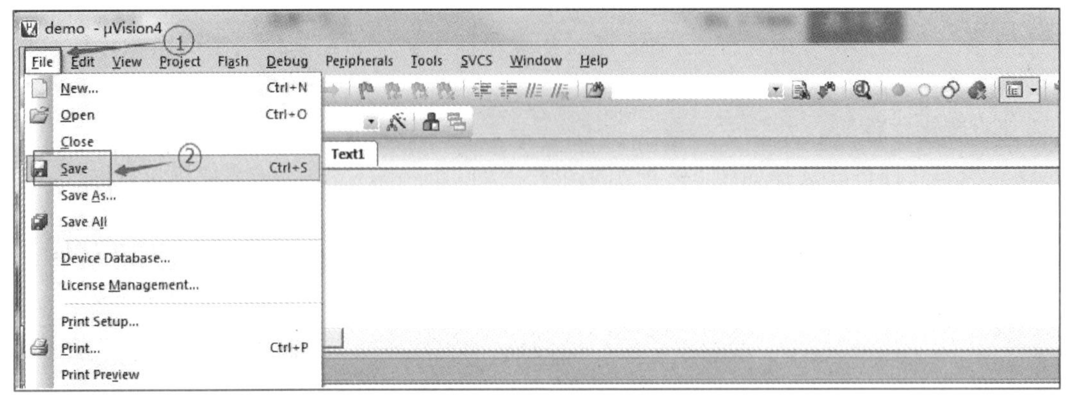

图 A-11 程序编辑窗口

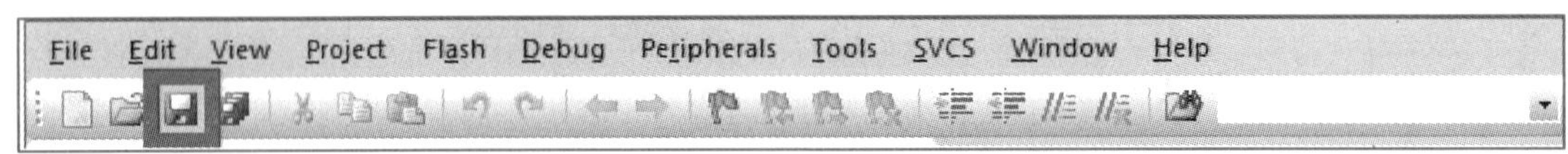

图 A-12 程序保存选择图标

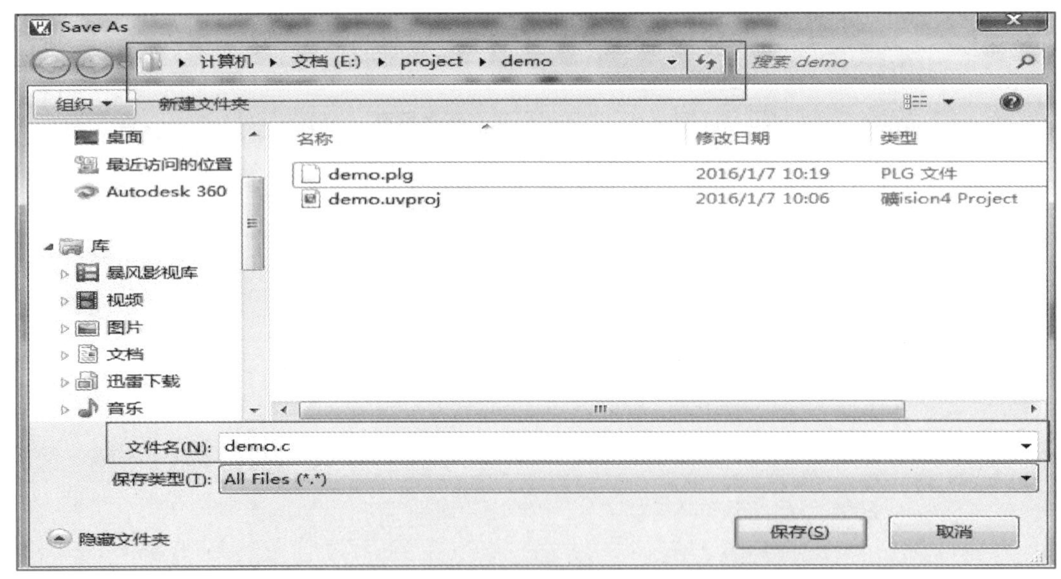

图 A-13 弹出选择文件保存地址和文件命名的对话框

完成后保存,此时 Text1 就变为 demo. c,如图 A-14 所示。

这样就可以在工作区中输入自己的程序代码,新建文件完成。

(2)向工程中加入文件并进行编译只是建立完成程序文件并保存是不够的,此时工程和程序文件虽然在同一个文件夹中但是彼此是没有关联的,不能进行编译。为此,要将程序文件放入工程当中。单击工程 Project 栏中的 Target1 左侧的⊞,如图 A-15 所示。看到 Source Group1 文件夹,如图 A-16 所示。右击 Source Group1 文件夹,然后在弹出的快捷菜单中选择 Add Files to Group 'Source Group 1'... ,如图 A-17 所示。

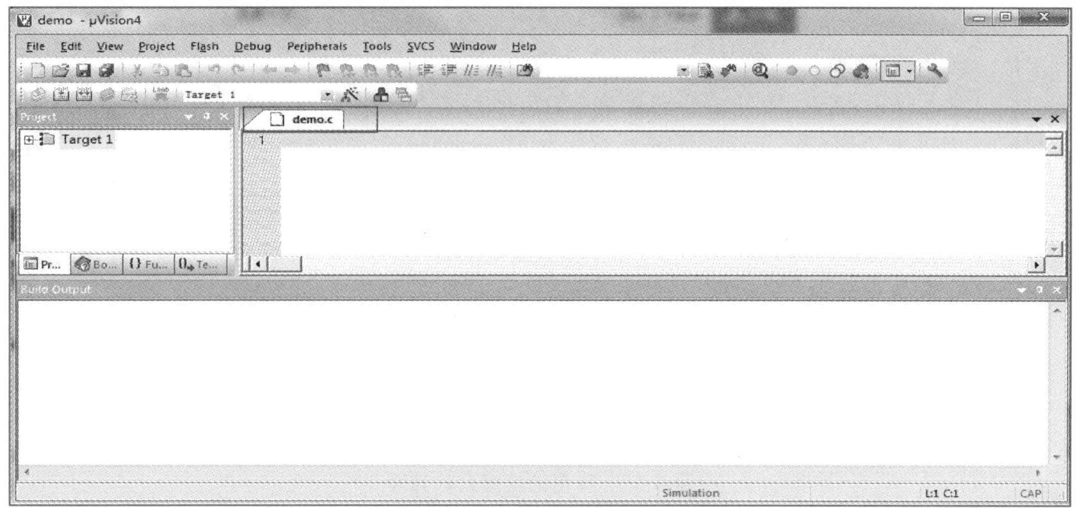

图 A-14　点击后保存弹出界面

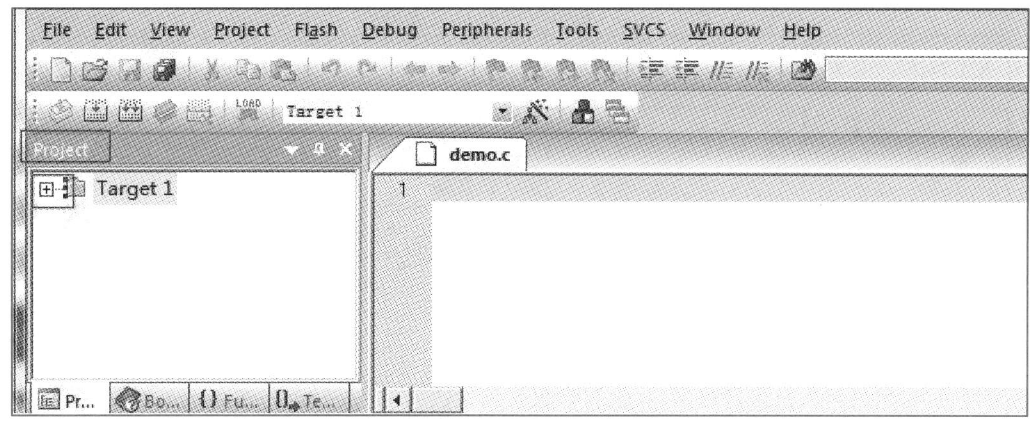

图 A-15　单击工程 Project 栏中的 Target1 界面

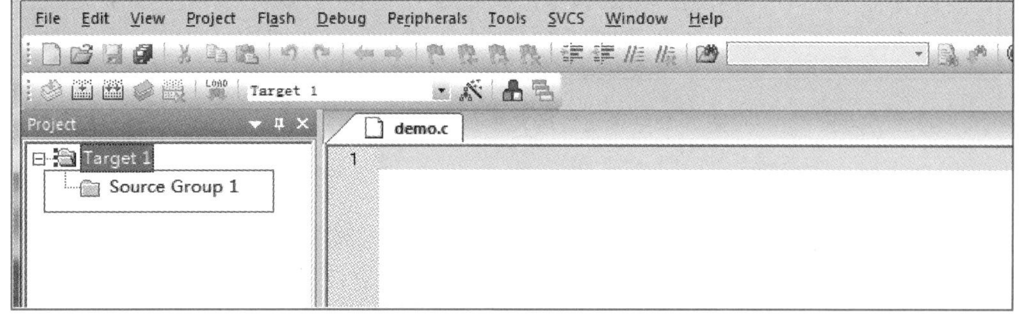

图 A-16　Source Group1 文件夹选择界面

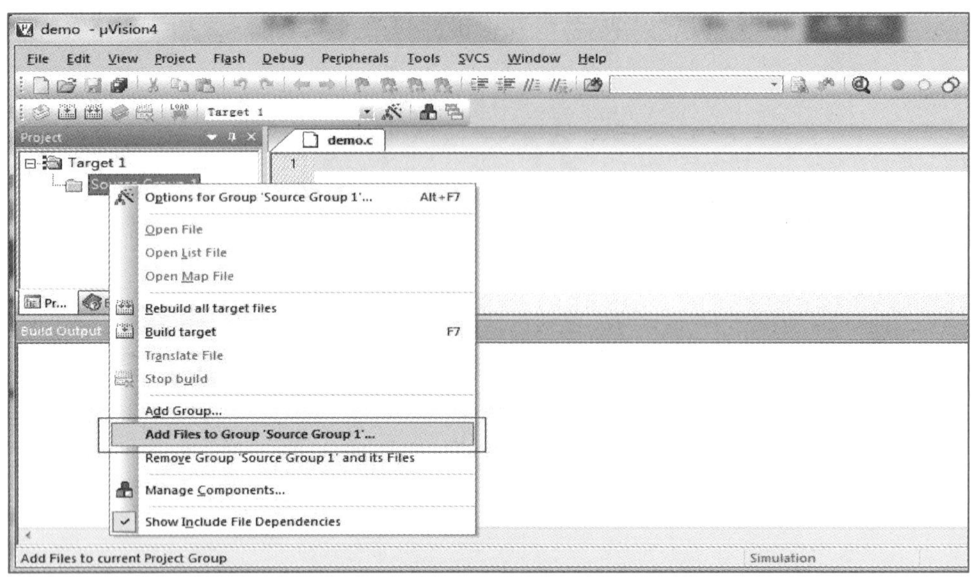

图 A-17 弹出的快捷菜单界面

弹出选择文件位置的对话框如图 A-18 所示，在①处选择文件所在位置，在②处选择对应的文件，单击 Add 按钮，最后单击 Close 按钮，就完成了文件的添加。

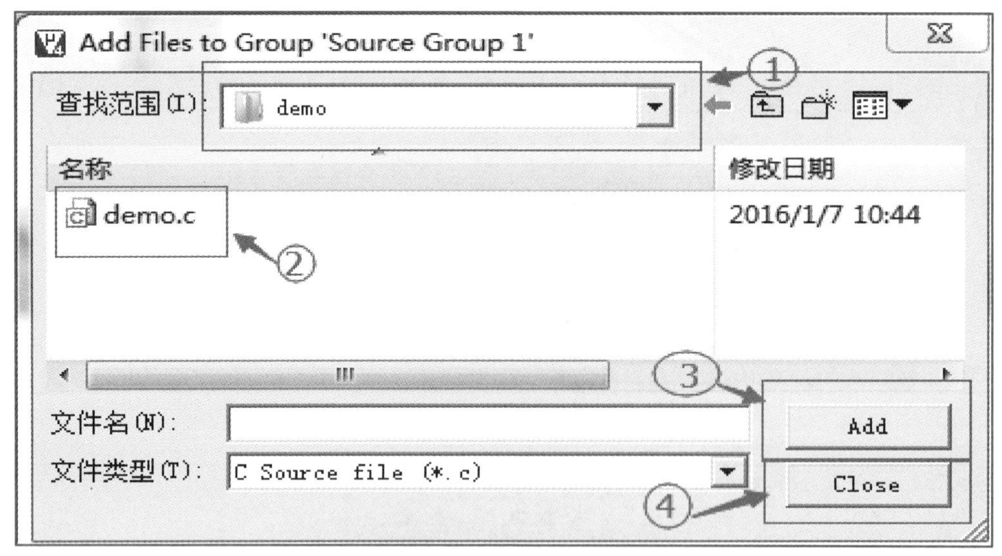

图 A-18 弹出选择文件位置的对话框界面

添加后 Source Group1 左侧变为⊞，点开后如图 A-19 所示。

这样就完成了向工程中添加程序文件的工作，接着就可以将编译工程生成烧录的 .Hex 文件。

(3)在进行编译之前要先进行编译设置，单击 按钮，如图 A-20 所示。

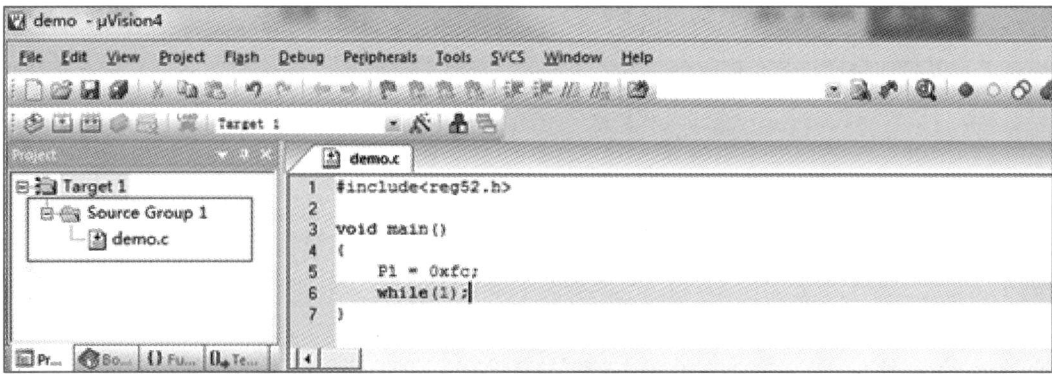

图 A-19　Source Group1 窗口界面

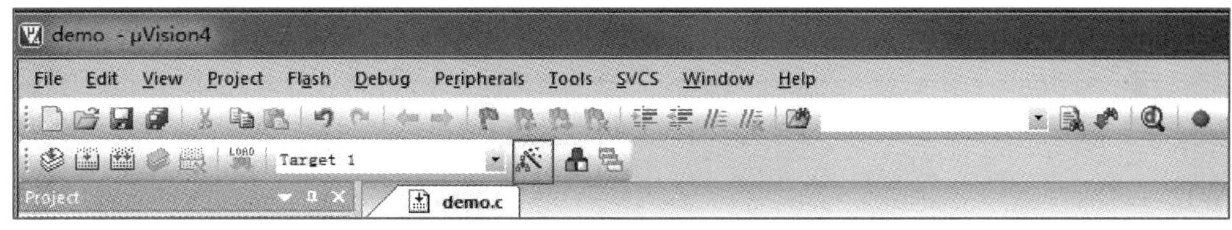

图 A-20　编译设置选择界面

在弹出的编译设置窗口，首先选择 Target 选项卡（默认选项卡）把晶振频率设置为 11.0592，如图 A-21 所示。

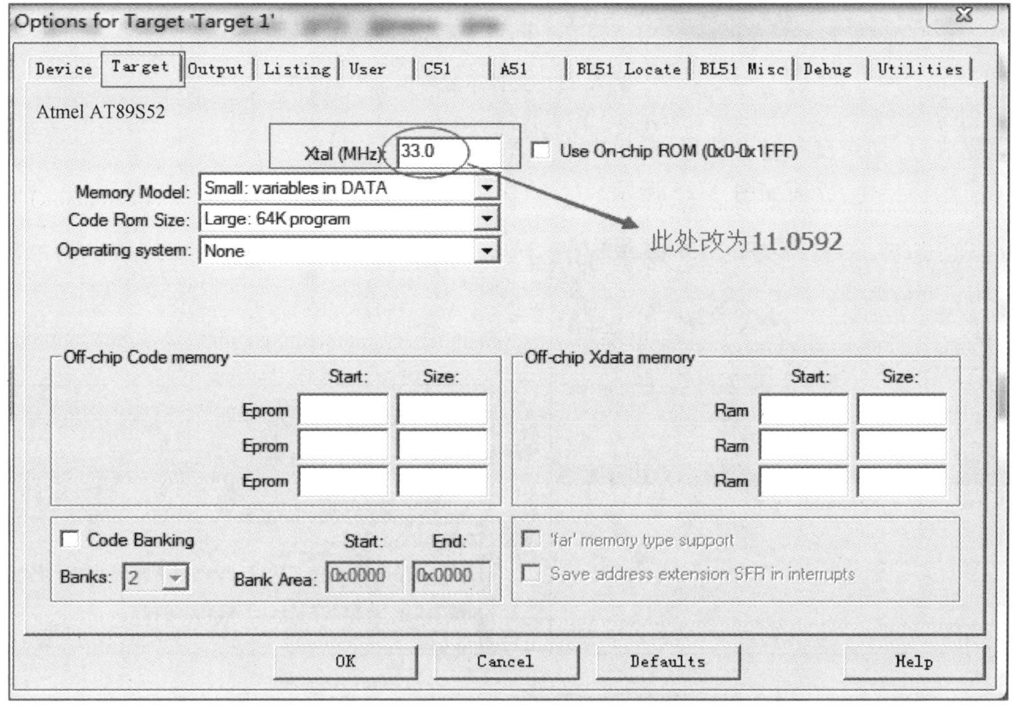

图 A-21　选择 Target 选项卡中晶振频率界面

然后选择 Output 选项卡，选中 Crecte HEX File 复选框，如图 A-22 所示。

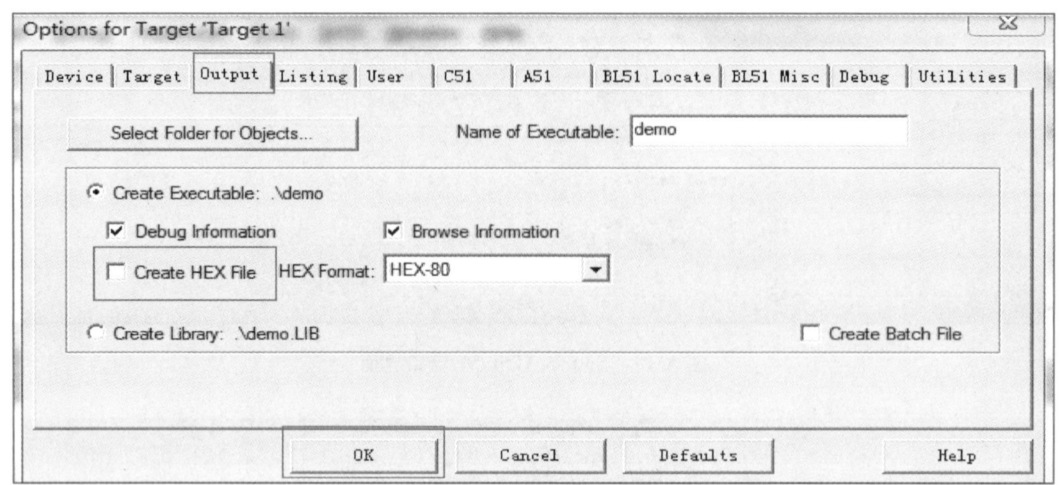

图 A-22　选择 Output 选项卡界面

其他保持默认，单击 OK 按钮，编译设置就完成了。单击按键，如图 A-23 所示，或者使用快捷键【Ctrl + F7】。

图 A-23　文件下载界面

编译完成后，如果没有错误编译，输出窗口如图 A-24 所示。

如果有编译错误，界面如图 A-25 所示。

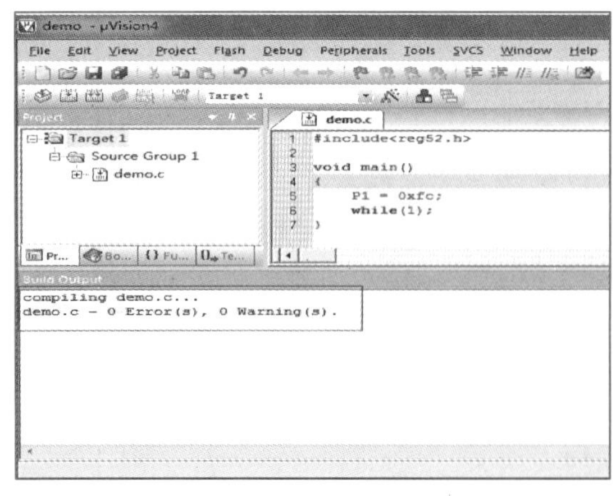

图 A-24　编译输出窗口

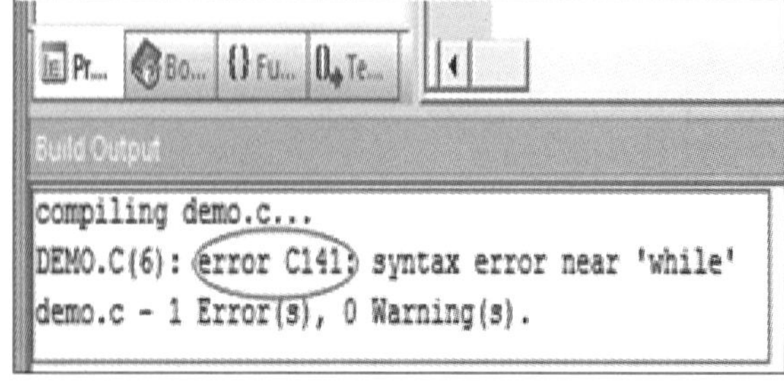

图 A-25　编译输出错误提示界面

改正完编译错误后，单击按钮或者使用快捷键【F7】连接程序生成可烧录 .Hex 文件。生成的 .Hex 文件默认保存在工程文件夹中。至此，就通过 Keil 完成了新建工程到生成可烧录 .Hex 文件的操作。

二、Progisp 软件的基本使用

生成可烧录的 .Hex 文件后，要把文件烧录到单片机才能使用，这里借助 Progisp 软件进行烧录。首先打开 Progisp 软件，找到准备好的 .Hex 文件，单击右侧的“调入 Flash”按钮。

在弹出的对话框中选择要烧录的 .Hex 文件所在的文件夹，找到要烧录的 .Hex 文件，单击打开，如图 A-26 所示。

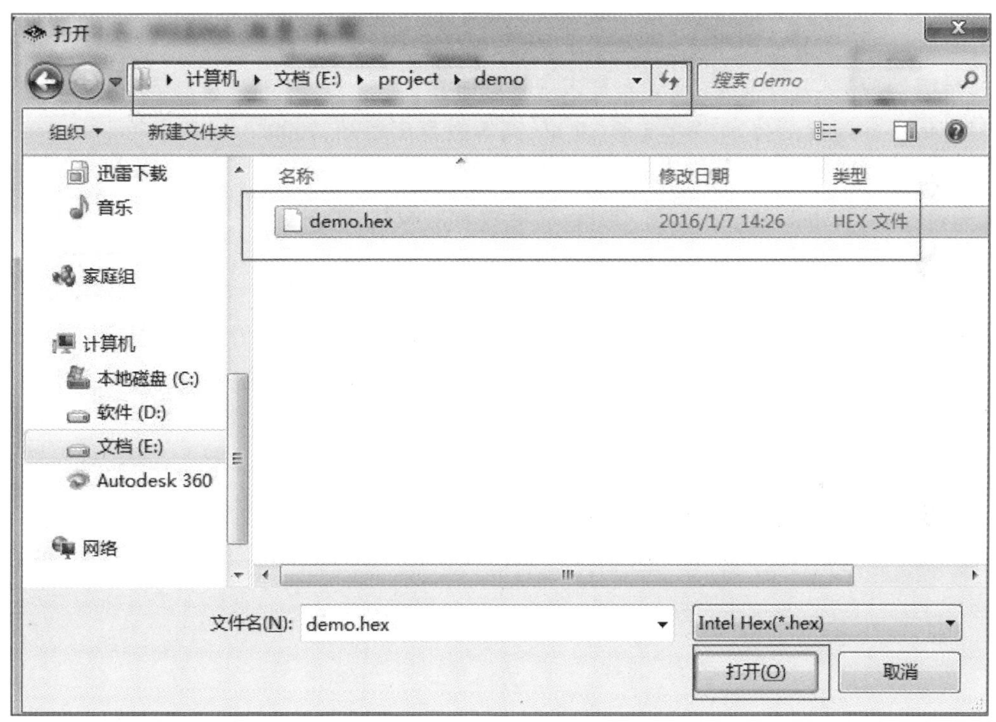

图 A-26　烧录的 .Hex 文件选择界面

把烧录的 .Hex 文件调入 PROGISP 后，单击“自动”按钮。

等待几秒，输出窗口如图 A-27 所示，会显示烧录成功，然后就可以用实验箱进行相关实验。

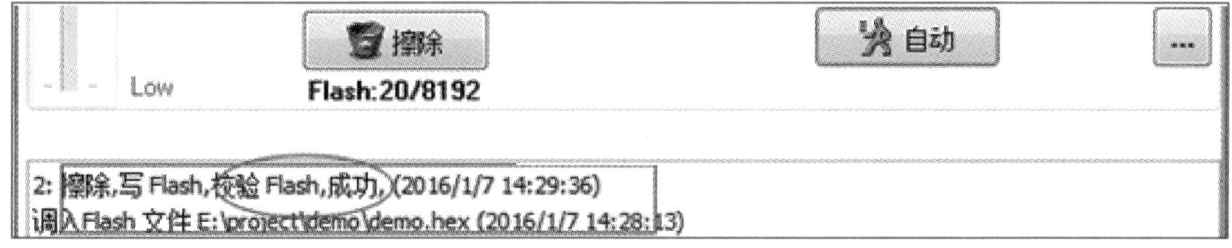

图 A-27　烧录文件载入成功提示界面

参 考 文 献

[1] 贾海瀛. 传感器技术与应用[M]. 北京:高等教育出版社,2015.
[2] 宋艳丽,宋武. 传感器与检测技术[M]. 合肥:合肥工业大学出版社,2016.
[3] 冯成龙,刘洪恩. 传感器应用技术项目化教程[M]. 北京:北京交通大学出版社,2009.
[4] 李敏,夏继军. 传感器应用技术[M]. 北京:人民邮电出版社,2011.
[5] 陈卫. 传感器应用[M]. 北京:高等教育出版社,2014.
[6] 谢志萍. 传感器与检测技术[M]. 2 版. 北京:高等教育出版社,2009.
[7] 宋健. 传感器技术及应用[M]. 北京:北京理工大学出版社,2007.
[8] 谢文和. 传感器技术及其应用[M]. 北京:高等教育出版社,2004.
[9] 王煜东. 传感器应用技术[M]. 西安:西安电子科技大学出版社,2006.
[10] 曾全胜. 传感器应用技术[M]. 长沙:中南大学出版社,2012.
[11] 孙建民. 传感器技术[M]. 北京:清华大学出版社,2005.
[12] 贾石峰. 传感器原理与传感器技术[M]. 北京:机械工业出版社,2009.